Yunus Akaltun

Yarıiletken İnce Filmlerin Silar Tekniği İle Büyütülmesi

AF809500

Yunus Akaltun

Yarıiletken İnce Filmlerin Silar Tekniği İle Büyütülmesi

Türkiye Alim Kitapları

Impressum / Künye
Bibliografische Information der Deutschen Nationalbibliothek: Die Deutsche Nationalbibliothek verzeichnet diese Publikation in der Deutschen Nationalbibliografie; detaillierte bibliografische Daten sind im Internet über http://dnb.d-nb.de abrufbar.
Alle in diesem Buch genannten Marken und Produktnamen unterliegen warenzeichen-, marken- oder patentrechtlichem Schutz bzw. sind Warenzeichen oder eingetragene Warenzeichen der jeweiligen Inhaber. Die Wiedergabe von Marken, Produktnamen, Gebrauchsnamen, Handelsnamen, Warenbezeichnungen u.s.w. in diesem Werk berechtigt auch ohne besondere Kennzeichnung nicht zu der Annahme, dass solche Namen im Sinne der Warenzeichen- und Markenschutzgesetzgebung als frei zu betrachten wären und daher von jedermann benutzt werden dürften.

Deutsche Nationalbibliothek tarafından yayınlanan bibliyografik bilgiler: Deutsche Nationalbibliothek, bu yayını Deutsche Nationalbibliografie'de listeler; detaylı bibliyografik bilgi İnternet'te http://dnb.d-nb.de sitesinde mevcuttur.
Bu kitapta bahsedilen herhangi bir marka ve ürün adı, tescilli marka, marka veya patent korumasına tabidir ve ilgili sahiplerin ticari veya tescilli markalarıdır. Marka, ürün, ortak ve ticari adların, ürün açıklamalarının v.s. işbu eserde özel işaretleme olmadan bile kullanılması, bu çeşit adların, tescilli marka ve marka korunması kanunu açısından kısıtlanmamış ve böylece herkes tarafından kullanılabilir olarak hiç bir şekilde yorumlanamaz.

Coverbild / Kitap kapağı resmi: www.ingimage.com

Verlag / Yayıncı:
Türkiye Alim Kitapları
ist ein Imprint der / yayınevinin bir ticari markasıdır
OmniScriptum GmbH & Co. KG
Bahnhofstraße 28, 66111 Saarbrücken, Deutschland / Almanya
Email / E-posta: info@omniscriptum.com

Herstellung: siehe letzte Seite /
Basım yeri: son sayfaya bakın
ISBN: 978-3-639-81375-3

Copyright / Telif hakkı © 2016 OmniScriptum GmbH & Co. KG
Alle Rechte vorbehalten. / Her hakkı saklıdır. Saarbrücken 2016

YARIİLETKEN İNCE FİLMLERİNİN SILAR TEKNİĞİ İLE BÜYÜTÜLMESİ

Yunus AKALTUN

ÖZET

YARIİLETKEN İNCE FİLMLERİNİN SILAR TEKNİĞİ İLE BÜYÜTÜLMESİ

Yunus Akaltun

Erzincan Üniversitesi
Mühendislik Fakültesi

CdSe yarıiletkeni ince film transistörlerde, güneş pillerinde, optoelektronik aygıt üretiminde, alan etkili transistörlerde, kızıl ötesi optikte, ışığa bağımlı direnç uygulamalarında ve gama ışığı dedektörlerinde yaygın olarak kullanılmaktadır. ZnSe ve karışımlarından elektromanyetik spektrumun mavi ve yeşil bölgesinde çalışan laser elde edilmesi sonucunda, bu malzeme yarıiletken teknolojisinde geniş yasak enerji aralıklı yarıiletkenlerin öneminin artmasını sağlamıştır.

Büyütme metotları arasında SILAR daha ucuz, daha basit ve az zaman harcanması gibi özelliklerinden dolayı son yıllarda oldukça tercih edilmektedir. Bu metot bir kimyasal çözeltiden katkılama tekniğidir. Bileşik yarıiletken ince filmlerin, her bir türünün iyonlarını içeren sulu çözeltiler içerisine taban malzemenin belli bir sıra ile daldırılarak, taban malzeme üzerine çökelmesi ile oluşmasını sağlayan basit bir tekniktir.

SILAR yöntemiyle büyütülen CdSe, ZnSe ve bunların karışımlanması sonucu oluşan $Cd_xZn_{1-x}Se$ ince filmlerinin, sıcaklığa bağlı soğurma, fotolüminesans, SEM, XRD, özdirenç ve kalınlık ölçümleri yapılmıştır.

$Cd_xZn_{1-x}Se$ ince filmlerinde Zn konsantrasyonu arttıkça yapıda düzensizliklerin azaldığı ve tüm yüzeye homojen bir büyümenin gerçekleştiği SEM görüntüleri sonucunda gözlendi. Bununla birlikte, yasak enerji aralığı CdSe filmi için 1,88 eV, ZnSe filmi için ise 2,68 eV olarak bulundu. $Cd_xZn_{1-x}Se$ filmleri için yasak enerji aralığı bulunan bu değerler arasında değiştiği tespit edildi. XRD ölçümleri neticesinde filmlerin polikristal yapıya sahip oldukları bulundu. Soğurma ölçümleri neticesinde, artan sıcaklıkla ve kalınlıkla yasak enerji aralığının azaldığı gözlenmiştir. PL ölçümleri ve soğurma ölçümleri neticesinde bulunan yasak enerji aralığı değerleri birbirleriyle uyum göstermektedir. Özdirenç ölçümleri neticesinde sıcaklıkla özdirencin azaldığı tespit edilmiş bu da bize, büyütülen filmlerin yarıiletken özelliğe sahip olduğunu göstermektedir.

Anahtar Kelimeler: SILAR, İnce film, Soğurma, PL, Özdirenç

ABSTRACT

GROWTH OF SEMICONDUCTOR THIN FILMS WITH SILAR TECHNIQUE

Yunus Akaltun

Erzincan University
Faculty of Engineering

CdSe semiconductor commonly are used in thin film transistors, solar cells, optoelectronic device productions field effect transistors, infrared optics, light dependent resistor applications and gamma ray detectors. ZnSe and its alloys were increased the importance of the wide bandgap semiconductors after the production of laser which operates in the blue and green wavelength of the electromagnetic spectrum.

At the last decade, SILAR has been rather used because of the superior properties such as being cheaper, easier and spending less time. This method is the deposition technique of from a chemical solution. It is simple technique which is formation of compound semiconductor thin films from an ionic solution of each element in a compound to substrate by dipping the substrate in a certain sequence in solutions.

Temperature dependent absorption and resistivity, photoluminescence, SEM, XRD and thickness measurements were conducted in CdSe, ZnSe and their alloys $Cd_xZn_{1-x}Se$ thin films which were grown by SILAR method.

As the Zn composition was increased, the decrease in structural irregularities and homogeneous growth to the whole surface were observed from the SEM measurements in $Cd_{1-x}Zn_xSe$ thin films. In addition, the bandgap values of the films were found as 1.88 eV for CdSe films and 2.68 eV for ZnSe films. Polycrystalline nature of the films was determined from the results of the XRD measurements. From the results of the absorption measurements, the decrease in bandgap values was observed with the increase of temperature and thickness. There is correlation between the found bandgap values from PL and absorption measurements. As a result of resistivity measurements, the decrease in resistivity with temperature was observed, which shows the semiconducting nature of the films.

Keywords: SILAR, Thin film, Absorption, PL, Resistivity

İÇİNDEKİLER

SİMGELER DİZİNİ

e	Elektronun yükü
E	Enerji
E_c	İletkenlik bandının enerjisi
E_v	Valans bandının enerjisi
E_g	Yasak enerji aralığı
h	Plank sabiti
I	Akım
J	Akım yoğunluğu
k	Boltzmann sabiti
K	Kelvin
n_i	Elektron-boşluk çifti yoğunluğu
n_0	Termal dengede elektronların yoğunluğu
p_0	Termal dengede boşlukların yoğunluğu
R	Direnç
T	Sıcaklık
V	Hacim
$\mu_{n,p}$	Elektron ve boşluğun mobilitesi
m^*	Etkin kütle
α	Soğurma katsayısı
λ	Dalga boyu
ρ	Özdirenç
σ	İletkenlik
ν	Frekans

ŞEKİLLER DİZİNİ

ÇİZELGELER DİZİNİ

1. GİRİŞ

1.1. II-VI Bileşik Yarıiletkenler

Optik ve elektriksel özellikleri açısından iletken ve yalıtkanlara göre farklı özellikler taşıyan yarıiletken malzemeler, endüstrideki kullanım açısından her geçen gün daha fazla önem kazanmaktadır. Tek ve polikristal halde gruplandırılan yarıiletkenler, Si, Ge gibi element halinde bulunurken, değişik yöntemlerle ikili, üçlü veya dörtlü bileşikler halinde de elde edilmektedir.

IV. grup elementlerinden olan Si ve Ge diğer gruptaki yarıiletken malzemelere göre üzerinde en fazla araştırma yapılmış ve dolayısıyla özellikleri en iyi bilinen yarıiletken malzemelerdir. Periyodik tablonun II. VI. grup elementlerinden oluşan II-VI bileşikleri ise IV. grup elementlerine göre daha yeni yarıiletken malzemelerdir. Mevcut ve ucuz hammaddelerden yüksek saflıkla elde edilebilmesi, uygun metotlarla kaliteli polikristal tabakalar halinde üretilebilir olması, diğer gruptaki yarıiletkenlere göre üstünlük sağlamaktadır (Erel 1996).

Son yıllarda periyodik cetvelin II-VI grubu bileşiklerinden olan tek kristallerin optik lüminesans ve iletkenlik özellikleri birçok araştırmacı tarafından incelenmiştir. Bu bileşikler geniş bir bant aralığına sahip olup, mor üstünden kırmızı altı spektrumuna kadar olan görünür bölgede ışıma yaparak çok iyi bir lüminesans özelliği göstermektedir. Bu nedenle foto ve katodolüminesans ölçümleri için çok elverişli malzemelerdir. Ayrıca, II-VI grubuna dahil bileşiklerin çoğu elektrik enerjisini oldukça iyi iletmekte olup, enerji bant aralığında çok miktarda taşıyıcı iyon sürüklenmesine sahip bulunmaktadır. Bu nedenle Çinko ve Kadmiyum bileşiklerin teknolojide elektrolüminesans diyot, lüminesans ekran ve güneş pili yapımında kullanılabilmesi için geniş araştırma ve incelemeler yapılmaktadır (Erdoğan 1991).

Yarıiletken teknolojisinde, klasik Si, GaAs, InP gibi külçe yarıiletkenler dışında, gerek optoelektronik, gerekse yarıiletken aygıt üretiminde ihtiyaca uygun yeni yarıiletken ince filmlerin üretilmesi ve bu filmlerin üretim teknikleri konusundaki çalışmalar önem kazanmıştır. Yarıiletken ince film büyütme metotları basitçe gaz fazında ve sıvı fazda büyütme metotları olarak gösterilebilir. Gaz fazındaki büyütme metotları olarak Moleküler Beam Epitaksi (MBE),

Metalorganik Kimyasal Buhar Depozisyonu (MOCVD), Reaktif Püskürtme (RF) gibi büyütme metotları gösterilebilir. Bunun yanında sıvı fazındaki büyütme metotları olarak Kimyasal Banyo Depozisyonu (CBD), Sıvı Faz Epitaksisi (LPE), Kimyasal Püskürtme (SP), SILAR (Successive Ionic Layer Adsorption and Reaction) gibi büyütme teknikleri gösterilebilir. Gaz fazındaki büyütme tekniklerinin diğerlerine göre oldukça pahalı sistemler içermesi, daha ucuz ince film üretilmesi amacından uzak olması nedeniyle tercih edilmemektedir. Sıvı fazda büyütme teknikleri ise geniş alanlı ince film üretilmesi, üretilen ince filmlerin maliyetlerinin düşük olması gibi önemli avantajlarından dolayı tercih edilmektedir.

Bu büyütme metotları arasında SILAR daha ucuz, daha basit ve az zaman harcanması gibi özelliklerinden dolayı son yıllarda oldukça tercih edilmektedir. SILAR metodu ilk olarak 1980'li yılların ortalarında Y.F. Nicolau tarafından polikristal ve epitaksiyel ince filmlerin büyütülmesinde kullanılmıştır(Nicolau 1985). Bu metot bir kimyasal çözeltiden katkılama tekniğidir. Bileşik yarıiletken ince filmlerin, her bir türünün iyonlarını içeren sulu çözeltiler içerisine taban malzemenin belli bir sıra ile daldırılarak, taban malzeme üzerine çökelmesi ile oluşmasını sağlayan basit bir tekniktir. Ayrıca bu tekniğin en önemli avantajı, büyüme boyunca bazı parametrelerin örneğin zaman, kalınlık, tur sayısı, çözelti konsantrasyonu, sıcaklık ve çözelti pH'nın kolay kontrol edilebilir olmasıdır. Bununla birlikte, ince filmler taban malzeme yüzeyinde iyonların reaksiyonu ve katkılanması ile elde edilirken, atomik seviyede film kalınlığının kontrolü CBD ve elektrodepozisyon tekniği ile zorken SILAR tekniği ile daha kolay sağlanmaktadır. Bu metotla bazı II-VI grubu bileşik yarıiletkenlerden özellikle CdS, CdSe, ZnO, ZnSe ve bunların üçlü bileşikleri $Cd_xZn_{1-x}S$, $Cd_xZn_{1-x}Se$ büyütülmektedir.

Son yıllarda II-VI bileşik yarıiletkenlerin üretilmesi sahip oldukları önemli avantajlardan dolayı yarıiletken teknolojisinde önem kazanmıştır. Özellikle optoelektronik uygulamalar da; direk geçişli bant yapısına sahip olmalarından dolayı elektromanyetik spektrumun görünür bölgesinde ışık yayan ve dedekte eden uygulamalarda yasak enerji aralıklarının büyüklükleri tüm görünür bölgede kullanılabilmelerine müsaade eder. II-VI bileşik yarıiletkenler olarak ZnO, ZnS, ZnSe, ZnTe, CdO, CdS, CdSe, CdTe gösterilebilir. Bu yarıiletkenlerin bazı özellikleri Çizelge 1.1'de gösterilmektedir (Singh 1993).

Çizelge 1.1. II-VI bileşik yarıiletkenlerin genel özellikleri

II-VI Bileşik Yarıiletkenler	**Bant Aralığı (eV) (oda sıcaklığında)**	**Kristal Yapısı**
ZnO	3,4	W (D)
ZnS	3,7 3,9	ZB (D) W (D)
ZnSe	2,7	ZB (D)
ZnTe	2,3	ZB (D)
CdO	2,28	
CdS	2,5	W (D)
CdSe	1,8	W (D), C (D)
CdTe	1,5	ZB (D)

W= Wurtzite, ZB=Çinkoblende, C=Kübik, (D) Direk geçişli

1.2. CdSe, ZnSe ve $Cd_xZn_{1-x}Se$

Çizelge1.1'de bazı özellikleri verilen CdSe yarıiletkeni ince film transistörlerde, güneş pillerinde, optoelektronik aygıt üretiminde, alan etkili transistörlerde, kızıl ötesi optikte, ışığa bağımlı direnç uygulamalarında ve gama ışığı dedektörlerinde yaygın olarak kullanılmaktadır(Antohe *et al.* 2001; Padiyan *et al.* 2002; Mane *et al.* 1999). Bu uygulama alanlarından dolayı son yıllarda oldukça fazla çalışılan bir malzeme olmuştur. CdSe II-VI bileşik yarıiletken olup yasak enerji aralığı 1,8 eV olan direk geçişli doğal olarak n-tipi iletkenliğe sahiptir. Bant aralığı ve elektriksel iletkenliğinden dolayı güneş pilleri uygulamalarında en uygun malzeme olarak gösterilmektedir (Ramaiah *et al.* 2001). Kristal yapısı açısından Wurtzite ve/veya kübik yapıya sahip olabilmektedir. Bununla beraber yoğunluğu 5,674 g/cm^3 olup, elektriksel direnci 10^4 Ωcm civarında olan doğal olarak n-tipi iletkenlik gösteren bir yarıiletkendir(Pathan and Lokhande 2004).

SILAR metodu ile CdSe ince filmlerin büyütülmesi işlemine son bir kaç yılda başlanmış olup, literatürde bu metotla büyütülen filmler üzerine yapılan çalışmalar oldukça sınırlıdır. Ayrıca bu metotla son yıllarda nanokristal CdSe elde etmek için uygun bir büyütme metodu olarak öngörülmektedir(Li *et al.* 2003). Pathan and Lokhande (2004) bildirdiğine göre, Sankapal *et* al. (1999) tarafından, 0,2 M $CdSO_4$ ve 0,1 M Na_2SeSO_3 (pH~12) çözeltileri kullanılarak 27^0C'de cam üzerine SILAR yöntemiyle, hekzagonal kristal yapıda CdSe filmi oluşturmuştur. Soğurma ölçümleri ile yasak enerji aralığını 1,8 eV olarak belirlemişlerdir. Pathan *et al.* (2002) tarafından yapılan çalışmada, Cd iyon kaynağı olarak 0,2 M ve pH~3 olan kadmiyum sülfat ($3CdSO_48H_2O$) ile tartarik asit [$(CHOHCOOH)_2$] çözeltilerinin karışımı kullanılmış, Se iyon kaynağı olarak da pH~10,5 olan 0,1 M sodyum selenosülfat(Na_2SeSO_3) çözeltisi kullanılmıştır. Adsorpsiyon ve reaksiyon zamanları sırasıyla 20 ve 30 s olarak ayarlanmış ve oda sıcaklığında 45 tur sonrasında 0,36 μm kalınlığında ince film elde edilmiştir. Soğurma ölçümleri sonucunda bu filmlerin yasak enerji aralıklarını 1,8 eV olarak bulmuşlardır. Bununla birlikte iki nokta uç yöntemiyle oda sıcaklığında CdSe filmin özdirencini 10^4 Ωcm olarak belirlemişler ve 300-550 K arasında ölçülen özdirenç ölçümleri ile filmin özdirencinin sıcaklık arttıkça azalmasından dolayı yarıiletken özellik gösterdiğini bildirmişlerdir.

Kale *et al.* (2004) tarafından yapılan çalışmada ise, tartarik asit ve triethanolamine karıştırılıp 0,2 M kadmiyum asetat çözeltisi katyon kaynağı olarak kullanılmış ve 0,13 M sodyum selenosülfat çözeltisi de anyon kaynağı olarak kullanılarak CdSe ince filmi elde edilmiştir. Adsorbsiyon ve reaksiyon zamanları sırasıyla 50 ve 25 s olarak tutulmuş ve oda sıcaklığında 150 tur sonucunda 0,18 μm kalınlığında film elde etmişlerdir. X-ışını kırınımı sonucunda filmin (111) tercihli yönelimli büyüdüğünü ve AFM görüntüleri ile filmlerin 5,66 nm yüzey pürüzlüğüne sahip olduğunu ve parçacık büyüklüklerini 6-8 nm olarak gözlemişlerdir. Soğurma ölçümleriyle yasak enerji aralığını 2,1 eV olarak hesaplamışlardır. Oda sıcaklığında filmin özdirencini iki nokta uç yöntemiyle 10^6 Ωcm olarak bulmuşlardır.

ZnSe ve karışımlarından elektromanyetik spektrumun mavi ve yeşil bölgesinde çalışan laser elde edilmesi sonucunda, bu malzeme yarıiletken teknolojisinde geniş yasak enerji aralıklı yarıiletkenlerin öneminin artması sağlanmıştır. Ayrıca örgü parametresi GaAs yarıiletkeni ile hemen hemen aynı olmasından dolayı GaAs tabanlı teknolojilerde taban malzemesi olarak kullanılabilmektedir. ZnSe yarıiletkeni oda sıcaklığında 2,67 eV direk geçişli yasak enerji aralığına sahip olup, örgü sabiti 5,67 nm ve termal iletkenliği 0,19 W/cmK'dir (Morkoç *et al.* 1994). Ayrıca 1830^0C erime sıcaklığına ve 4,1g/cm^3 yoğunluğa sahip olup, yaklaşık 200 $cm^2V^{-1}s^{-1}$ mobiliteye sahip bir yarıiletkendir (Erel 1996). Optik ve elektriksel özellikleri açısından endüstriyel alanlarda önemli uygulama alanı bulunmaktadır. Örnek olarak, kırmızı, mavi ve yeşil ışık yayan diyotlar (Akira *et al.* 1988), fotovoltaikler (Chaparro *et al.* 2001), laser perde (Ennaoui *et al.* 2001), ince film transistorler (Alfano *et al.* 1987), fotoelektrokimyasal hücreler (Chaparro *et al.* 2000) için uygun bir malzeme olarak öngörülmektedir. Bu uygulamaların dışında ZnSe ince filmleri, ince film heteroeklem güneş hücreleri için n-tipi pencere tabakası olarak kullanılmaktadır.

Kale and Lokhande (2004), SILAR yöntemiyle ZnSe ince film yapmak için Zn iyon kaynağı olarak, pH'ı ~5 olan 0,25 M çinko asetat [$Zn(CH_3COO)_2$] ile tartarik asit [$(CHOHCOOH)_2$] kompleksi; Se kaynağı olarak da pH'ı ~12 olan 0,13 M sodyum selenosülfat (Na_2SeSO_3) çözeltisi kullanmışlardır. Araştırmacılar taban malzemesi olarak kullanılan cam, çok iyi temizlendikten sonra adsorpsiyon ve reaksiyon zamanlarını sırasıyla 50 ve 25 s olarak ayarlayarak, cam yüzeyine 150 tur sonunda 0,16 μm kalınlığında ZnSe film elde etmişlerdir. Soğurma ölçümleri sonucunda, yasak enerji aralığını 2,8 eV olarak bulmuşlardır. Bu değer literatürdeki değerden (2,7 eV) daha da büyüktür. İki nokta uç metodu ile ZnSe filminin, oda sıcaklığındaki özdirenci ise 10^7 Ωcm olarak bulunmuştur.

Benzer olarak 0,2 M $CH_3(COO)_2Zn$, 0,1 M Na_2SeSO_3 (pH~12) çözeltileri kullanılarak 27^0C'de cam üzerine SILAR yöntemiyle ZnSe film büyütülmüş ve filmin 200^0C'de tavlanması ile kristal yapısında düzelme olduğu gözlenmiştir. Soğurma ölçümleri sonucunda yasak enerji aralığı 2,6 eV olarak elde edilmiştir. Ayrıca filmin elektriksel özdirenci 10^4 Ωcm olarak ölçülmüştür (Pahtan and Lokhande 2004).

Karışım teknolojisi sayesinde çeşitli yarıiletkenlerin (GaAs, GaN vb.) yasak enerji aralıkları değiştirilerek elektromanyetik spektrumun geniş bir aralığında optoelektronik uygulamalarda kullanılmaları sağlanmaktadır. Geniş yasak enerji aralıklı ZnSe ve aynı özellikleri gösteren karışımları $Zn_{1-x}Cd_xSe$, $ZnSe_{1-y}S_y$ görünür spektrumun mavi bölgesinde optoelektronik cihaz teknolojisinde kullanılmaktadır. $Zn_{1-x}Cd_xSe/CdSe$ ya da $Cd_{1-x}Zn_xSe/ZnSe$ kuantum kuyuları ve kuantum noktaları elektromanyetik spektrumun mavi-yeşil bölgesinde ışık saçan uygulamaları için son yıllarda oldukça fazla ilgi çekmektedir (Schreder *et al.* 2000; Venger *et al.* 2004; Kim *et al.* 2005). Yinede bu malzemelerden elde edilen laser yapılarının ömürleri oldukça kısadır (Borkovska *et al.* 2005). CdSe ve ZnSe yarıiletkenlerinin karıştırılmasıyla oluşan $Zn_xCd_{1-x}Se$ üçlü bileşiği, kuantum kuyusu uygulamalarının temelinin bu işlemle yasak enerji aralığının değiştirilmesine bağlıdır. Böyle bir üçlü bileşiğin yasak enerji aralığı ZnSe'nin ve CdSe yarıiletkenlerinin yasak enerji aralığında olur. Yani yaklaşık olarak 2,7 eV ile 1,8 eV aralığında olması beklenir. Bununla birlikte üçlü bileşikte Cd miktarı ne kadar fazla olursa yasak enerji aralığının da o oranda azalması beklenir (Chao *et al.* 1999).

Kale and Lokhande (2005a) tarafından yapılan çalışmada, CBD metoduyla cam taban malzemesi üzerine $Cd(CH_3COO)_2$ ve Na_2SeSO_3 çözeltilerini kullanarak CdSe filmi büyütmüşlerdir. Büyütülen filmin XRD analizleri sonucunda filmlerin düşük şiddette piklerden oluştuğunu ve düşük kristal kalitesinde olduğunu bildirdiler. Kristal büyüklüklerini alınan SEM ölçümleri ile 4 nm olarak bulmuşlardır.

Semenova *et al*. (2002), yaptıkları çalışmada MBE metodu ile GaAs üzerine ZnSe büyütmüşlerdir. Büyüttükleri filmden alınan PL ölçümleri ile 2,7 eV'ta ve 2 eV'ta iki tane emisyon gözlemişlerdir.

Kale and Lokhande(2005b), yaptıkları çalışmada kimyasal banyo depozisyonu (CBD) yöntemiyle, cam taban üzerine ZnSe filmini büyütmüşlerdir. Büyütülen ZnSe filminin yasak enerji aralığını soğurma ölçümleri sonucunda 2,85 eV, özdirencini ise iki nokta uç yöntemiyle 10^6-10^7 Ωcm bulmuşlardır. Filmlerin 670 K de tavlanması sonucunda yasak enerji aralığının 2,85 eV'tan 2,7 eV'a, özdirencinin ise 2,585x10^6 Ωcm den 1,59x10^4 Ωcm ye düştüğünü tespit etmişlerdir.

Perna *et al*. (2004), yaptıkları çalışmada Si taban üzerine laser depozisyon tekniğiyle CdSe ve Zn katkılı CdSe büyütmüşlerdir. Büyütülen ince filmlerin sıcaklığa bağlı PL ölçümlerini almışlar, bunun sonucunda katkısız CdSe filminin PL veriminin, sıcaklığın artmasıyla azaldığını ve düşük sıcaklıktaki (10K) spektrumundan, banttan banda geçişinin 1,82 eV'da olduğunu belirlemişlerdir. Bunun yanında CdSe filminin birçok ışımalı rekombinasyon bantları içerdiğini ve bunların kirliliklerden veya yapısal kusurlardan kaynaklandığını belirtmişlerdir. CdSe:Zn filminin ise banttan banda geçişin CdSe filmi ile yaklaşık olarak aynı enerjide emisyon verdiği, bunun yanında 1,65 ve 1,42 eV'ta yerleşmiş olan geniş bant geçişleri olduğunu gözlemişlerdir. Bu geniş pik yapısındaki geçişlerin kusurlar ve kirlilikler arasında gerçekleştiğini ifade etmektedirler.

Kale and Lokhande (2004), yaptıkları çalışmada, SILAR metodu ile büyütülen ZnSe ince filmlerinin polikristal yapıda ve (111) baskın yönelime sahip olduklarını, aldıkları x-ışını kırınım ölçümleriyle göstermişlerdir. Scherrer formülü ile kristal büyüklüklerini 6 nm olarak bulmuşlar, tavlanmış filmlerde ise 13 nm olduğunu tespit etmişlerdir. Aldıkları SEM ölçümleri ile filmin tüm taban malzeme yüzeyine homojen olarak dağıldığını, boşluk ve çatlakların oluşmadığını gözlemişlerdir. Kristal büyüklüklerini 26 nm olarak ve tavlama işlemi sonucunda ise 42 nm olarak bulmuşlardır.

8

Pathan *et al*. (2003), yaptıkları çalışmada, SILAR yöntemiyle CdSe filmi oluşturmak için çözelti olarak, kadmiyum sülfat ($3CdSO_48H_2O$) ile tartarik asit [$(CHOHCOOH)_2$] ve sodyum selenosülfat

(Na_2SeSO_3) çözeltileri kullanmışlardır. Cam taban malzemesi üzerine büyütülen filmlerin x-ışını kırınım dataları sonucunda, (101) ve (301) yönelimlerine sahip olduğunu göstermişlerdir.

Kale *et al.* (2006) çalışmalarında, $Cd_{05}Zn_{05}Se$ filmini, CBD yöntemiyle cam taban malzemesini 343 K sıcaklıkta tutarak, büyütme işlemini gerçekleştirmişlerdir. Yapılan XRD ölçümleriyle CdSe'in kübik ve hekzagonal, ZnSe'in ise kübik fazda olduğunu göstermişlerdir. SEM ölçümleri yardımıyla $Cd_{05}Zn_{05}Se$ ince filminin yüzeyinde çatlaklar gözlemişlerdir

Farklı metotlarla büyütülen CdSe ve ZnSe filmleri ile SILAR yöntemiyle büyüttüğümüz filmlerin, kristal yönelimi, soğurma spektroskopisi ve elektriksel özellikleri benzerlikler göstermektedir. Örneğin CdSe filmlerinin, vakum depozisyon tekniğiyle Padiyan *et. al.* (2002), hot wall depozisyon tekniğiyle Velumani *et. al.* (2003), kimyasal depozisyon tekniğiyle Kale and Lokhande (2000), vakumda buharlaştırma tekniğiyle Antohe *et. al.* (2001) tarafından büyüttükleri filmlerin XRD ölçümleri sonucunda (002) tercihli yönelime sahip olduklarını bulmuşlardır. ZnSe filmleri için ise, elektro depozisyon tekniğiyle Bouroushian *et. al.* (2005), vakum buharlaştırma tekniğiyle Venkatachalam *et. el.* (2005), spray pyrolysis tekniğiyle Bedir *et. al.* (2005), vakum altında fiziksel buhar depozisyon tekniğiyle Rusu *et. al.* (2003), tarafından büyüttükleri filmlerin XRD ölçümleri sonucunda (111) tercihli yönelime sahip olduklarını bulmuşlardır.

CdSe filmlerinin yasak enerji aralığı soğurma ölçümleri sonucunda 1,88 eV olarak bulunmuş olup, farklı büyütme teknikleriyle büyütülen filmlerin yasak enerji aralıkları ile benzerlik göstermektedir. Vakum depozisyon tekniğiyle Padiyan *et. al.* (2002) 1,62-1,99 eV, hot wall depozisyon tekniğiyle Velumani *et. al.* (2003) 1,64-1,83 eV, kimyasal depozisyon tekniğiyle Kale and Lokhande (2000) 1,8-2,2 eV, elektro depozisyon tekniğiyle Pawar *et. el.* (2006) 1,72 eV olarak bulmuşlardır. ZnSe filmlerinin yasak enerji aralığı ise soğurma ölçümleri sonucunda 2,68 eV olarak bulunmuş olup, farklı farklı büyütme teknikleriyle büyütülen filmlerin yasak enerji aralıkları ile benzerlik göstermektedir. Vakum altında fiziksel buhar depozisyon tekniğiyle Rusu *et. al.* (2003) 2,6-2,7 eV, spray pyrolysis tekniğiyle Bedir *et. al.* (2005) 2,65-2,70 eV, vakum buharlaştırma tekniğiyle Venkatachalam *et. el.* (2005) 2,60-2,72 eV, elektro depozisyon tekniğiyle Murali *et. el.* (2005) 2,7 eV olarak bulmuşlardır.

Bu çalışma Atatürk Üniversitesi Fen Edebiyat Fakültesi Fizik Bölümünde yapılmış olup, SILAR büyütme metodu ile elde edilmiş olan CdSe, ZnSe ve bunların karıştırılmasıyla oluşan $Cd_xZn_{1-x}Se$

yarıiletkenlerinin yapısal, elektriksel ve optik karakterizasyonuna dayanmaktadır. Bu çalışmanın birinci bölümünde CdSe, ZnSe ve $Cd_xZn_{1-x}Se$ yarıiletkenlerinin genel özellikleri ve SILAR metodu ile büyütülmeleri sonucunda sahip oldukları yapısal, optik ve elektriksel özellikleri hakkında literatür taraması içeren bir giriş bölümünü içermektedir. İkinci bölümde, katkılı ve katkısız yarıiletkenler, ince film büyütme işlemi, yarıiletkenlerin yasak enerji aralığını değiştiren etkenler, soğurma, fotolüminesans, x-ışınları hakkında kuramsal bilgiler bulunmaktadır. Üçüncü bölümde ise yarıiletken filmlerin büyütülmesinde kullanılan SILAR metodu hakkında ayrıntılı bilgiler dışında kalınlık ölçümlerinde kullanılan hava kaması metodu, filmlerin yasak enerji aralığının belirlenmesinde kullanılan soğurma ölçüm sistemi, x-ışınları difraksiyonu, taramalı elektron mikroskopu ve elektriksel ölçümlerde kullanılan prob metodu hakkında ayrıntılı bilgiler bulunmaktadır. Elde edilen sonuçların tartışılması ise beşinci bölümde verilmiştir.

2. KURAMSAL TEMELLER

2.1. Katkılı ve Katkısız Yarıiletkenler

Asal (intrinsic) yarıiletken ilginç bir malzemedir. Fakat yarıiletkenlerin gerçek gücü, az ve kontrol edilebilir miktarda özel katkı atomları eklenmesi ile ortaya çıkmıştır. Bu katkılama işlemi yarıiletkenin elektriksel ve optik karakterizasyonunu büyük ölçüde değiştirir. Katkılanmış bir yarıiletken katkılı (exstrinsic) bir malzemedir ve birçok farklı yarıiletken aygıtın oluşturulabilmesinin en önemli kaynağıdır.

Asal yarıiletken davranışı yalıtkan katılarda yasak enerji aralığının yeterince büyüklükte olması ile elektronların termal olarak dolu bandın üst kısmından diğer boş bandın alt kısmına uyarılması ile elde edilir. Dolu bant valans (değerlik) bandı olarak bir sonraki boş bant ise iletkenlik bandı olarak tanımlanır.

Eğer yarıiletken tamamen saf ve kristal yapısı açısından mükemmel ise n_0 ve p_0 yoğunluğu eşit olmalıdır. Burada n_0 ve p_0 sırasıyla termodinamik denge durumu için iletkenlik bandı elektronlarının ve valans bandı boşluklarının yoğunluğunu verir. İletkenlik bandı elektronları sadece valans bandı elektronlarının uyarılması ile üretilir. Fermi seviyesi serbest boşlukların ve elektronların her ikisinin de enerji dağılımını karakterize eder ve asal yarıiletkenlerde taşıyıcı kütlelerinin de eşit olması durumunda bant aralığının tam ortasındadır (Şekil 2.1a). Taşıyıcı kütlelerinin ve mobilitelerinin farklı olmasından dolayı Fermi seviyesi az da olsa iletkenlik veya valans bandına doğru yaklaşabilir.

Özellikle düşük sıcaklıklarda asal elektron-boşluk çifti yoğunluğu n_i, kusur seviyelerinin termal uyarılması ile üretilen serbest taşıyıcıların bir türünün yoğunluğu ile karşılaştırıldığında ihmal edilecek kadar küçüktür. Sonuç olarak yarıiletken soğutulduğu zaman asal iletkenliğin n-tipine veya p-tipine dönüşümü kaçınılmazdır.

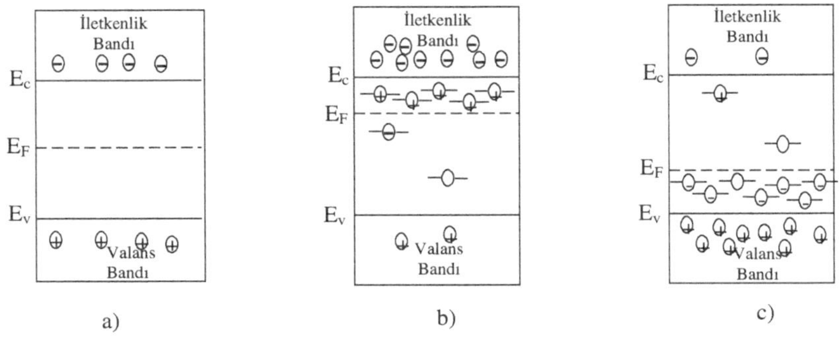

Şekil 2.1. a) Asal bir yarıiletkende serbest iletkenlik bandı elektronları ve serbest valans bandı boşlukların eşit yoğunlukları. $n_0=p_0=n_i$ şartının sağlanması için Fermi seviyesi genellikle yasak enerji aralığı ortasındadır b) Aynı yarıiletkende $n_0> n_i>p_0$ şartını sağlamak için karmaşık kusur seviyeleri ilave edilmiş n-tipi bir yarıiletken c) p-tipi iletkenlik $p_0> n_i> n_0$ şartının sağlanması için Fermi seviyesi valans bandına yakın

n-tipi olan katkılı yarıiletkenlerde serbest elektronlar boşluklardan daha fazladır. "n-tipi" ifadesi bize bir yarıiletkendeki iletkenlik işleminin negatif yüklü hareketli parçacıklar tarafından sağlandığını ve Hall etkisi ile termo elektrik etkinin negatif olduğunu bildirir. Aynı şekilde "p-tipi" yarıiletkende bu etkiler pozitiftir ve pozitif yüklü serbest boşluklar baskın olan serbest taşıyıcılardır.

Bir donor katkısı pozitif olarak yüklenmiş bir kusur seviyesidir ve bunun için sisteme bir veya daha fazla elektron serbest bırakır. Serbest bırakılan elektron iletkenlik bandında hareketli hale geçebilir. Benzer olarak akseptör katkısı bir veya daha fazla negatif yükü kabul edebilen bir kusurdur. n-tipi yarıiletkende donorlar akseptörlerden fazladır ve p-tipi davranış gösteren yarıiletkende ise tersidir.

Katkılı yarıiletkenlerde n_0 ve p_0 değerleri sıcaklık ve konumlanmış kusur seviyelerinin her ikisine birden bağlıdır. Donor seviyesinin iyonize olması serbest elektron yoğunluğunun artışı ile sonuçlanır. Bununla birlikte serbest boşluk yoğunluğunun azalmasını sağlar. Şekil 2.1 b ve c'de görüldüğü gibi n_0p_0 çarpımının değeri asal yarıiletken durumundan uzaklaştığımızda n_i^2'ye eşittir. Bir yarıiletkende bir donor kusurunun basit bir örneği için silikon kristalinin bir atomik yerinin fosfor atomuyla işgal edildiğini düşünelim. Kristaldeki her bir atomun etrafındaki dört komşu atomuyla dört kovalent bağını kurduğu Şekil 2.2b'de görülmektedir. Fakat fosfor atomu ekstra bir elektrona sahiptir ve bu elektronun bağ yapmaya ihtiyacı yoktur. Bu ekstra elektron tamamen serbest değildir. Fosfor çekirdeği silisyum çekirdeğinden bir tane fazla pozitif yüke sahiptir. Bu fazla elektron kusura hafifçe bağlıdır. Böylece kusurun nötral durumu (elektron bulunması) iletkenlik bandının altında konumlanmış elektron durumu ile tanımlanmıştır. Şekil 2.2a iletkenlik bandı aşağısındaki E_d enerjisi kadar bir ilave enerji ile yükseltilebileceğini ifade ederek gösterir. Bu durum gerçekleştiğinde donor iyonize olur ve bir net pozitif yük oluşur.

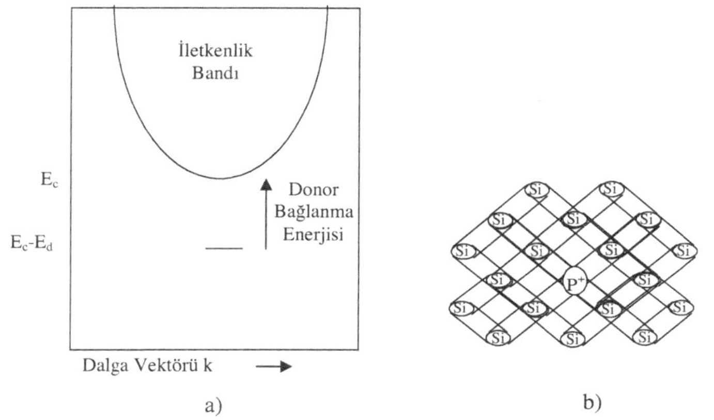

Şekil 2.2. a) Yasak enerji aralığında donor kusur enerjisine bağlı bir elektronun gösterimi b) Fosfor katkılanmış silisyum kristalinin iki boyutlu gösterimi

Şekil 2.3b silisyumda en basit akseptör katkısının oluşumunu gösterir yani boron atomunun silisyum atomu yerine yerleşmesidir. Boron atomunun bağlı dört kovalent bağdan birisinin bağ yapamayacağı açıktır. Ama gerçekte bu bağ yapmamış kısmın konumu bir atomik pozisyondan diğerine hareket edebilir. Bu boşluk eğer E_a enerjisi sağlanmamışsa tamamen konumlanmamıştır ve akseptörün nötral durumunu valans bandının üzerindeki E_a enerjisi ve işgal edilmemiş elektron durumu ile tanımlanır. Bu durum Şekil 2.3b'de gösterilmektedir.

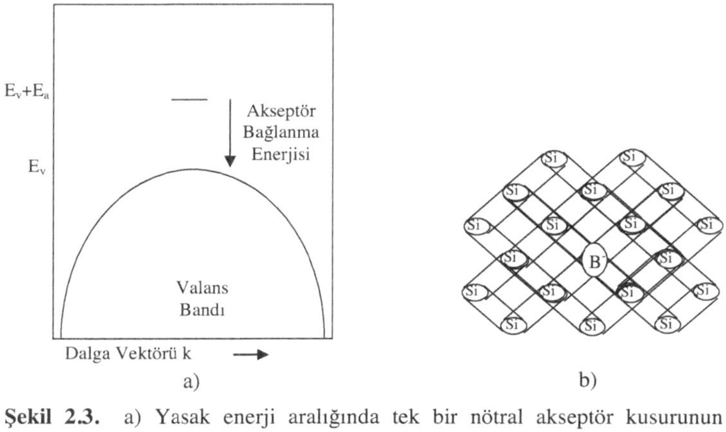

Şekil 2.3. a) Yasak enerji aralığında tek bir nötral akseptör kusurunun gösterimi b) Boron katkılanmış silisyum kristalinin iki boyutlu gösterimi

2.2. Yarıiletken İnce Filmler

Alt tabaka olarak katı bir malzeme üzerine malzemenin temel özelliklerinin ölçülmesinde hem doğrudan bir fiziksel işlemle hem de bir kimyasal ya da elektrokimyasal reaksiyonlarla ince film şeklinde katı bir malzeme oluşturulur. Yalnız başına atomik, moleküler ya da iyonik durumlar hem buharlaştırma hem de sıvı formunda oluşturulabilir. İnce film depolama teknikleri iki ana kategoriye ayrılabilir:

1. Gaz halde katkılama
2. Sıvı/çözelti halde katkılama

Burada üzerinde durulması gereken, filmin önemli bir özelliği ve filmin özelliklerini sınırlayan parametre olan, küçük film kalınlığının ölçülmesinin basit olmadığıdır. Bir alt tabaka üzerine doğrudan dağıtılarak ya da yapıştırılarak oluşturulan filmler kalınlıklarından dolayı kalın filmler olarak adlandırılır ve bunların özellikleri önemli ölçüde ince filmlerden farklıdır.

İnce filmler küçük kalınlıkları, geniş yüzeye karşı hacim oranı ve büyütme tekniklerinin direk sonucu olarak iyi bir fiziksel yapı oluştururlar. İnce filmler oluşurken bunu oluşturan maddenin toz halindeki özellikleri ile ince film oluştuktan sonraki özellikleri arasında sapmalar başlar. Değişik ortam koşullarında; ince filmlerin yapısal, elektriksel ve optiksel özellikleri üzerinde durulmaya başlanmıştır. İnce filmlerin büyük yüzeye sahip olmalarına karşın hacim oranı onları küçük kalınlık ve mikroyapıların oluşturulmasına sebep olduğundan bu filmler gaz soğurması, difüzyon olaylarına maruz bırakılabilir (Chopra 1983).

2.2.1 İnce film büyütme işlemi

Herhangi bir ince film katkılama işlemi üç ana basamak içerir:

1. Uygun atomik, moleküler ya da iyonik türlerin üretimi
2. Bunların alt tabakaya geçişini sağlayacak bir ortam
3. Alt tabaka üzerine yoğunlaştırma hem doğrudan hem de kimyasal, elektrokimyasal reaksiyonlarla bir katı katkılaması yapılır.

İnce filmin oluşumu çekirdek ile ve büyütme tekniklerinin yer almasıyla olur. Genel olarak basamak basamak çeşitli deneylerle ve teorik çalışmalarla büyütme işlemlerinin ortaya çıkması aşağıdaki gibi sıralanabilir:

1. Alt tabaka ile etkileşecek olan bir çeşit madde hız bileşenlerini alt tabakada normale düşürürler (çarpışma enerjisinin çok yüksek olmaması sağlanır) ve bu maddeler fiziksel olarak alt tabaka yüzeyinde soğurulurlar.

2. Soğurulmuş malzemeler başlangıçta alt tabaka ile ısısal dengede değildirler ve alt tabakanın yüzeyine doğru hareket ederler. Bu işlem sırasında birçoğu birbirleriyle etkileşime girer. Böylece düzenlenim daha büyük kümeleri oluşturur.

3. Kümeler ya da çekirdek olarak isimlendirilen düzenlenim termodinamik olarak kararlı değildir ve katkılama parametrelerine bağlı olarak bir zaman sonra yüzeyden ayrılma eğilimindedir. Şayet katkılama parametrelerine bağlı olarak böyle bir küme ile yüzeyden ayrılmaya başlamamış soğurulmuş türler çarpışma yapıyorsa, kümenin büyüklüğü artmaya başlar. Belli bir kritik büyüklüğe ulaştıktan sonra küme termodinamik olarak kararlı olmaya başlar ve çekirdek sınırlarına ulaşıldığı söylenir. Kararlı, kimyasal olarak soğurulmuş, kritik-büyüklüklü çekirdek oluşumunu içeren bu basamak çekirdek evresi olarak adlandırılır.

4. Kritik çekirdek, bir çekirdek doyurma yoğunluğuna ulaşıncaya kadar sayısı kadar büyüklüğü bakımından da büyür. Çekirdek yoğunluğu ve ortalama çekirdek büyüklüğü; türlere etki eden enerji, etkinin oranı, soğurma aktivasyon enerjisi, ayrılma, ısısal difüzyon, sıcaklık ve alt yapının kimyasal doğası gibi parametrelere bağlıdır. Bir çekirdek hem alt tabaka yüzeyine paralel olarak soğurulmuş türlerin difüzyonuyla büyütüldüğü gibi alt tabakaya dik olarak direk çarpışan türlerin etkileşmesi ile de büyür. Buna rağmen, genellikle bu evredeki yanal (paralel) büyüme oranı dik olarak büyümeden daha yüksektir. Bu büyütülmüş çekirdekler adalar olarak adlandırılır.

5. Film oluşumu için bundan sonraki evre birleşme evresidir. Bu evre, küçük adaların birbirleriyle yüzey alanını küçültmek üzere birleşmeye çalıştıkları evredir. Büyük adaları oluşturma eğilimi "topluluk" olarak adlandırılır ve topluluk soğurulmuş türlerin yüzeydeki mobilitesini iyileştirir. Örnek olarak alt tabaka sıcaklığını artırarak bu iyileştirme sağlanabilir. Bazı durumlarda yeni çekirdeğin oluşumu bir birleşme sonucu temiz bir alanda meydana gelebilir.

6. Daha büyük adalar kaplanmamış alt tabakaların delikleriyle ve kanalların ayrılmasıyla birlikte büyür. Bu evredeki filmlerin yapısı tümüyle sürekli film deliklerinin ve kanalların doldurulması şartıyla sürekli olmayan ada tiplerinden gözenekli ağ tiplerine kadar değişir. Büyütme işlemi çekirdeğin bir istatiksel üretimine dayandırılarak yüzey difüzyonunun üç boyutta taneciklerin büyütülmesinin kontrol edilmesi, bir ağ yapısının oluşturulması ve sürekli bir film vermesi için bunun en sonunda doldurulması olarak özetlenebilir.

Katkılanmanın ve alt tabakanın yüzeyinin termodinamik parametrelerine, başlangıçtaki çekirdeğe ve büyütme evrelerine bağlı olarak

a. adacık (island) tipi
b. tabaka (layer) tipi
c. karışık (Stranski-Krastanov) tip

üç grupta toplanabilir. Bu evreler Şekil 2.4'de gösterilmiştir. Hemen hemen bütün pratik durumlarda, büyütme ada oluşumunu meydana getirerek oluşur.

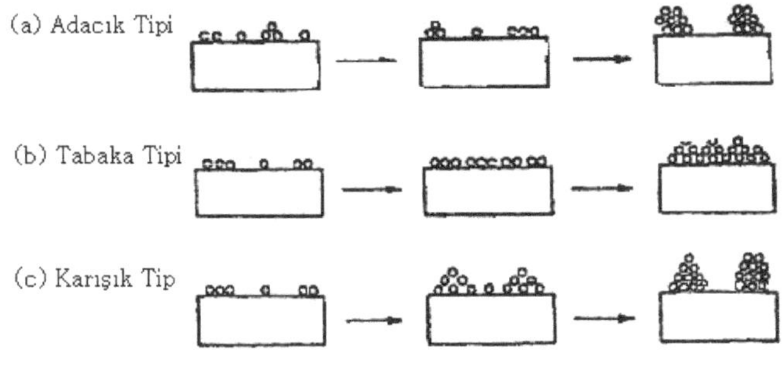

Şekil 2.4. Temel büyütme işlemleri (a) adacık (island) tipi , (b) tabaka (layer) tipi ve (c) karışık (Stranski –Krastanov) tip (Chopra 1983)

Özel durumların dışında kristolografik düzenlenim ve farklı adaların topografiksel ayrıntıları rasgele dağıtılmıştır. Böylece büyütme esnasında adaların birbirine temas etmesi, geometriksel şekillenimlerin ve kristolografik düzenlenimlerin yanlış eşlenmesinden dolayı tane sınırları, çeşitli nokta ve çizgi bozuklukları oluşur. Eğer taneler rasgele düzenlenirse, bir halka tipi kırınım örneği gösterir ve buna polikristal denir. Ancak, eğer tane genişliği ($20A^o$)'dan küçükse, bu filmlerin kırınım desenleri halo tipi(ışık halkası) olan çok fazla düzensiz yani amorf(kristal olmayan) yapıya benzer. Eğer farklı adaların düzenlenimleri uygun tek kristalli alt tabaka üzerinde özel katkılama içererek aynı devam ediyorsa, bu filmin bir tek kristali içermeyeceğine dikkat edilmelidir. Bunun yanında tek kristal filmini oluşturan taneler birbirlerine paralel olarak yerleşirler ve birbirlerine düşük açılı tane sınırlarıyla bağlanırlar. Bu filmlerin kırınım desenleri tek kristalin kırınım deseniyle benzerdir ve epitaxial / tek-kristal film olarak adlandırılır.

Tane sınırları yanında, epitaxial filmlerde ayrılma hattı, istifleme hatası, mikroçiftler ve çift sınırları, çoklu yer alan sınırlar (multiple-positioning boundaries) ve nokta hatalarının toplamından oluşmuş önemsiz hatalar (örneğin ayrılma hataları, istifleme hatası, tetrahedra ve küçük nokta hataları) gibi diğer yapısal bozuklukları içerir. İstifleme hatası ve çift sınarlar gibi bozukluklar aşağı yukarı polikristallerde de oluşmaktadır. 10^{10} ve 10^{11} çizgiler.cm^{-2} olan boşlukları yoğunluğu en çok polikristallerde karşılaşılır ve boşlukların yoğunluğu çoğunlukla farklı adalar arasındaki uygun olmayan düzenlenişlerden (yerinden çıkmadan) dolayı boşluk ve ağlar boyunca bulunur.

İnce film boşlukların artmasına neden olabilecek diğer mekanizmalar;

1. Alt tabaka-film yapısının uygun olmaması
2. İnce film doğasında olan büyük gerilimler
3. Filmin alt tabaka yüzeyine kadar boşlukların devam etmesi

2.3. Yarıiletkenlerin Yasak Enerji Aralığının Değişmesi

Yarıiletkenlerin yasak enerji aralığının dış etkenlerle değiştirilmesi mümkündür. Bu dış etkenler; 1. Sıcaklık, 2. Basınç, 3. Manyetik alan, 4. Elektrik alan, 5. Kusurların konsantrasyonlarının değişmesi olarak sıralanabilir.

2.3.1. Sıcaklığın yarıiletkenin yasak enerji aralığına etkisi

Sıcaklık arttıkça kristal örgünün titreşimi artar ve kristal örgüsü genişler. Çoğu yarıiletkenlerde sıcaklıkla yasak enerji aralığı küçülür. Bu ise temel soğurmanın uzun dalga boylu bölgeye kaymasına sebep olur. Sıcaklık arttıkça elektron– fonon etkileşmesi artar. Bu dikkate alınırsa yasak enerji bandının termal değişim değeri aşağıdaki gibi ifade edilir.

$$\frac{dE_g}{dT} = \left(\frac{dE_g}{dT}\right)_p + \left(\frac{dE_g}{dT}\right)_{e-f} \tag{2.1}$$

Denklem (2.1)'in sabit basınçlı birinci terimde, kristalin örgüsü değiştiğinden kristalde bozulma meydana gelir ve kristalin yasak enerji aralığı değişebilir. Denklem (2.1)'in ikinci terimi ise, elektron–fonon etkileşmesi sonucu enerjinin sıcaklık değişimidir ve,

$$\left(\frac{dE_g}{dT}\right)_{e-f} = \frac{4k_B}{9\hbar^2 m^* j^2}\left[6\pi^{-4}V^2 \atop 19\right]^{1/3}\left(m_n C_n^2 + m_p C_p^2\right) \tag{2.3}$$

ile verilmektedir. Burada k_B, Boltzman sabiti, V ise hacimdir. Diğer sabitler ise,

$$C_{n,p}^2 = 7.2\times10^{-5}\frac{C}{\mu_{n,p}}\left(\frac{m^*}{m_{n,p}}\right)^{5/2} T^{-3/2} \tag{2.4}$$

$\mu_{n,p}$ elektron ve boşluğun mobilitesi $C=\rho\vartheta^2$, $\rho=mg/V$ kristalin özağırlığı, m^* etkin kütle, ϑ sesin kristalde yayılma hızıdır.

Denklem (2.2) bandların yapısına bağlı olarak negatif veya pozitif değerler alabilir. (2.3) ise bütün kristaller için sürekli olarak negatiftir ve kristalin kendi yapısının bir sonucudur.

2.3.2. Yarıiletkenlerin yasak enerji aralığına basıncın etkisi

Hidrostatik basınç, atomlar arasındaki mesafeyi küçülttüğünden yasak enerji aralığının daralmasına sebep olabilir (Allakhverdiev *et. al.* 1985). Direk band geçişli yarıiletkenlerin birçoğunda (GaN, InN, AlN) hidrostatik basınç arttıkça, yasak enerji aralığının arttığı gözlenmiştir (Dridi et. al. 2002). İndirek band geçişli yarıiletkenlerde, yasak enerji aralığının hidrostatik basınca bağlılığı karmaşık karakter taşımaktadır. Spektrumun analizinden yararlanarak soğurma spektrumunun küçük değerlerinde indirekt bant geçişleri incelenebilir. Yasak enerji aralığının basınçla değişiminin negatif değer alması, valans bandının tabakalı yapıya sahip olması ve iletkenlik bandının düzensizliği ile izah edilebilir. Basınç yarıiletkenin yasak enerji bandının enerji değerinin küçülmesine sebep olmaktadır ve ani değişimler faz geçişleri ile izah edilmektedir(Ves 1989).

2.3.3. Yarıiletkenlerin yasak enerji aralığına manyetik alanın etkisi

Magnetik alanın etkisi altında olan yarıiletkenin soğurma eğrisi, alanın olmadığı hale göre değişiklik gösterir. Elektromagnetik teoriden bilindiği üzere *B* vektörü *A (x,y,z)* vektör potansiyeli ile,

$$B = rotA \qquad (2.5)$$

ilgilidir. Bu durumda –e yüküne ve P momentumuna sahip olan elektron A (x,y,z) vektör potansiyeli ile belirlenen magnetik alanda,

$$P = p + eA \qquad (2.6)$$

olacaktır. Burada P magnetik alan varken, p ise magnetik alanın 0 olduğu haldeki momentumlardır. Kinetik enerji $T=p^2/2m_o$ olduğuna göre elektron için Hamiltonyen fonksiyonu,

$$H = T + U(x,y,z) = \frac{1}{2m_o}(p+eA)^2 + U(x,y,z) \qquad (2.7)$$

ile ifade edilir. Burada *U(x,y,z)* potansiyel enerjidir. Magnetik alana yerleştirilen kristallerin içindeki elektronun enerji seviyelerine Landau seviyeleri denir. Magnetik alan elektronun enerjisini kuantlaştırdığı gibi, hem iletkenlik ve hem de valans bandının da yerini değiştirir, yani bantları kaydırır.

Magnetik alanın tesiri altında yarıiletkenin yasak bandının enerjisi ΔE_g kadar artacaktır.

$$\Delta E_g = \frac{e\hbar B}{2}\left(\frac{1}{m_n^*} + \frac{1}{m_p^*}\right) = \frac{e\hbar B}{2m^*} \qquad (2.8)$$

Burada $1/m^*=1/m_n^*+1/m_p^*$ ile verilir. Bu denklemde görüldüğü gibi yasak enerji aralığının magnetik alan etkisiyle kayması m_n^* *ve* m_p^* ile ters orantılıdır. Magnetik alanın etkisi altında yasak enerji bandının büyümesi, soğurma spektrumunun temel soğurma kenarının kısa dalga boylu bölgesine kaymasını gerektirir. Soğurmaya bağlı olarak enerjinin magnetik alan altında değerlendirme yapılarak m^* *veya* m_n^* *ve* m_p^* hesaplanabilir. Soğurma spektrumunun magnetik alan etkisi altında pikleri gözlenir. Bu piklerin maksimum veya minumumları arasındaki enerjitik mesafe hw_o kadar olmaktadır.

2.3.4. Yarıiletkenlerin yasak enerji aralığına elektrik alanın etkisi

Dış elektrik alana yerleştirilen yarıiletkenlerde enerji bandlarının bükülmesi gözlenebilir. Bu durumda elektronlar valans banddan iletkenlik bandına tünel yoluyla geçebilirler. Tünel engelinin yüksekliği,

$$d=E_g/e\delta \qquad (2.9)$$

ile verilir. Burada tünelleme engelinin yükseklik enerjisi E_g, tünel engel yüksekliği d ve dış elektrik alanın potansiyeli δ'dır. δ arttıkça engel yüksekliği azalır ve elektronların tunelleme yolu ile geçişi kolaylaşır. Dış elektrik alan altında kalan yarıiletkene ışık demeti düşürüldüğünde elektron geçişi dış elektrik alan olmadığı hale göre ħw enerjisinden daha küçük enerjiyle mümkün olmaktadır. $\delta\neq0$ olduğunda elektron geçişine uygun ħw' nın değeri yasak enerji aralığının küçük değerinde de mümkündür. Bu durum engelin yüksekliğini daha da azaltır ve

$$d'=(E_g-\hbar w)/e\delta \qquad (2.10)$$

şeklinde ifade edilir. Işık enerjisinin etkisi altında, dış elektrik alanına konulmuş yarıiletkenlerde elektronların fotonları soğurarak tünel yoluyla valans banddan iletkenlik bandına geçme hadisesine Franz-Keldysh etkisi denir.

2.4. Yarıiletkenlerde Soğurma (Absorpsiyon) Olayları

Genel olarak soğurma, bir malzemenin içerisinde elektriksel yüklerin üzerine gelen elektromanyetik dalgalarla etkileşmesi sonucunda ortaya çıkan enerji kaybı olarak tanımlanmaktadır. Yarıiletken malzemelerde fotonların soğurulması temel soğurma, serbest yük taşıyıcılarının soğurması ve katkı atomlarının soğurması şeklinde sıralanabilir.

2.4.1. Temel soğurma olayı

Temel soğurma olayında, yarıiletken malzeme üzerine gelen bir fotonun enerjisi yarıiletkenin yasak enerji aralığına eşit veya ondan büyük olduğunda, bu foton yarıiletkenin değerlik bandındaki bir elektron tarafından soğurularak bir elektron boşluk çifti oluşturulur. Böylece değerlik bandındaki bir elektron iletkenlik bandına geçer. Temel soğurma olayı Şekil 2.5'da görülmektedir. Temel soğurma olayında frekansı ν olan bir fotonun enerjisi hν olmak üzere,

$$h\nu \geq E_g \tag{2.11}$$

veya,

$$\lambda_g \leq \frac{hc}{E_g} \tag{2.12}$$

olmalıdır. Buradaki λ_g yarıiletkenin yasak enerji aralığının enerji değerine karşılık gelen fotonun dalga boyunu ve c ışığın boşluktaki hızını göstermektedir. Soğurma katsayısı α, doğrudan ve dolaylı band yapılı yarıiletkenlerde fotonun enerjisine sırasıyla denklem (2.13) ve (2.14) ifadelerinde verildiği gibi bağlıdır:

$$\alpha = \left[A(h\nu - E_g)^{1/2}\right] / h\nu \tag{2.13}$$

$$\alpha = B(h\nu - E_{gi} + E_p)^2 / \left[\exp(E_p/kT) - 1\right] \tag{2.14}$$

Bu ifadelerdeki A ve B fotonun enerjisinden bağımsız sabitlerdir, E_p fononun enerjisi ve E_{gi} dolaylı band genişliğidir.

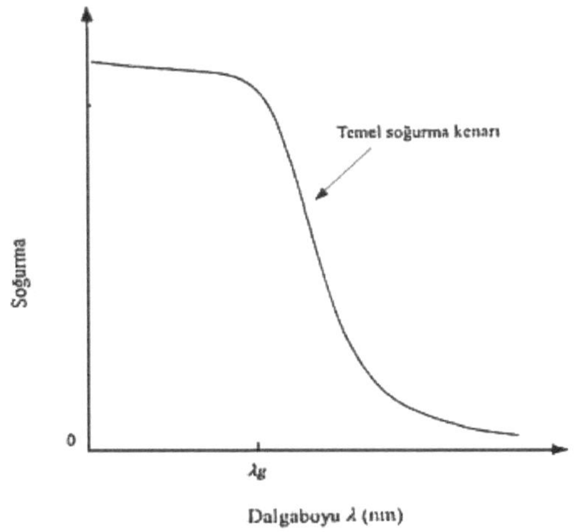

Şekil 2.5. Yarıiletkenlerde temel soğurma spektrumu.

2.4.2. Serbest yük taşıyıcılarının soğurması

Yarıiletkenlerde serbest yük taşıyıcıları olan elektronlar ve boşluklar bir banttan diğer banda uyarılmadan da fotonu soğurabilirler. Bu durum, gelen foton enerjisi $h\nu \leq E_g$ olduğunda görülür ve bu enerji iletim bandındaki elektronun veya valans bandındaki boşluğun aynı band içerisinde bulunan daha yüksek enerji düzeylerine uyarılmasını sağlar (Şekil 2.6).

Serbest yük taşıyıcı soğurmasında bir fotonun enerjisi yasak enerji aralığı değerinden büyük olduğunda, aynı anda hem temel soğurma, hem de serbest yük taşıyıcı soğurması olayı meydana gelebilir (Seeger 1982).

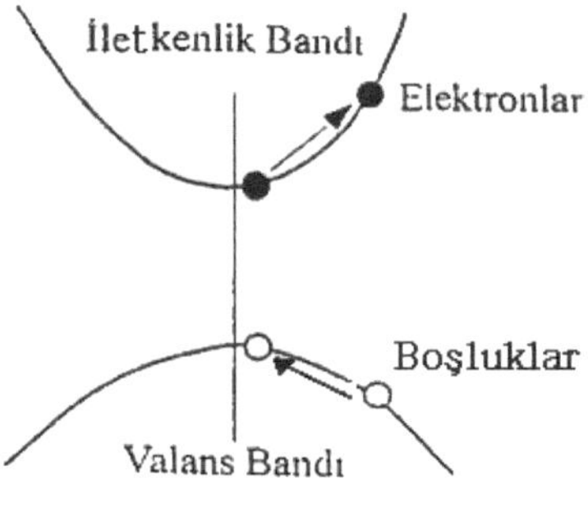

Şekil 2.6. Serbest yük taşıyıcılarının soğurması

2.4.3. Katkı atomlarının soğurması

Katkı atomlarının soğurması, katkılama türüne ve katkı konsantrasyonuna bağlıdır. Katkılı yarıiletkenlere gelen foton enerjisi, E_g'den küçük ise valans bandındaki bir elektron iletkenlik bandına uyarılamayacak ve bu fotonun alıcı ve verici atomlar tarafından soğurulması ihtimali artacaktır. Böylece katkı atomlarının iyonlaşması, soğurma tayflarında keskin pikler şeklinde görülür.

2.5. Yarıiletkenlerde Özdirencin Sıcaklıkla Değişimi

Katı cisimler, elektriksel özdirençlerine göre üç guruba ayrılırlar: metaller (iletkenler), yalıtkanlar ve yarı iletkenler. Süper iletkenler oda sıcaklığında metal özelliği göstermektedirler ve düşük sıcaklıklarda süper iletkenliğe sahiptirler. Katı cisimlerin özdirençlerine göre sınıflandırılması şu şekildedir.

1. Metaller: $\rho=10^{-6}$-10^{-4} ohm cm
2. Yarıiletkenler: $\rho=10^{-4}$-10^{10} ohm cm
3. Yalıtkanlar: $\rho\geq10^{10}$ ohm cm

Özdirenç kriterleri açık değildir. Çünkü bir cisimden diğerine geçildiğinde özdirenç değerleri üst üste gelmektedir. Metaller ve yarıiletkenler arasındaki fark, özdirencin sıcaklıkla değişiminden daha açık bir şekilde görülebilir. Kimyasal olarak temiz metallerde özdirenç sıcaklıkla lineer olarak artmaktadır.

$$\rho = \rho_0 \alpha T \qquad (2.15)$$

Burada ρ_0 metalin 0^0C'de ki özdirenci, α =1/273 direncin termal genleşme katsayısı, T mutlak sıcaklıktır. Şekil 2.7 sırasıyla bir metalin (a) ve bir yarıiletkenin (b) özdirencinin sıcaklıkla değişimini göstermektedir. Şekilden de görüldüğü gibi metallerde sıcaklık arttıkça özdirenç de artar.

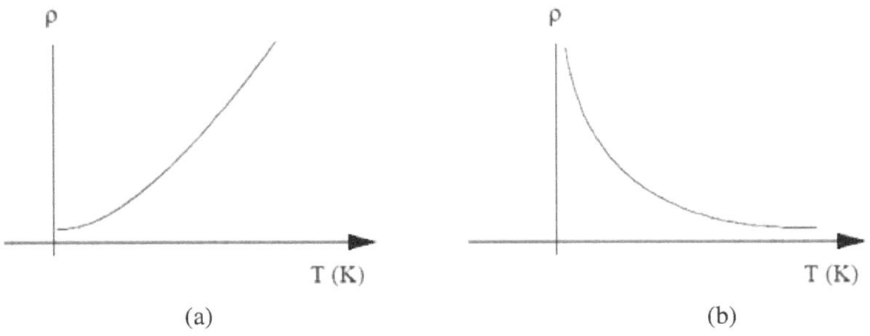

Şekil 2.7. Bir metalin (a) ve bir yarıiletkenin (b) özdirencinin sıcaklıkla değişimi.

Temiz (katkısız) yarıiletkenlerin özdirenci, metallerin aksine sıcaklık arttıkça eksponansiyel olarak azalır.

$$\rho = A\exp\left(\frac{E_g}{kT}\right) \qquad (2.16)$$

Burada E_g yarıiletkenin yasak enerji aralığı, k Boltzmann sabiti ve A da bir sabittir. Metallerin ve yarıiletkenlerin özdirencinin veya iletkenliğinin (σ) şu şekilde verildiği bilinmektedir.

$$\rho = \frac{1}{\sigma} = \frac{1}{ne\mu} \qquad (2.17)$$

Burada n elektron konsantrasyonu, e elektronun yükü ($e=1,6\times10^{-19}$C) ve μ elektronların mobilitesidir. Metallerde atomlar tam iyonlaşmış durumdadırlar. Bu nedenle elektron konsantrasyonu çok yüksektir ve sıcaklığa bağlı değildir. Metallerde sıcaklık arttıkça elektron konsantrasyonu değişmemekte, fakat mobilite bir miktar küçülmektedir. Sonuçta (2.17) eşitliğine uygun olarak metallerin özdirenci sıcaklıkla artmakta veya iletkenliği azalmaktadır. Katkısız yarıiletkenlerde, metallerin aksine elektron konsantrasyonu sıcaklık arttıkça eksponansiyel olarak artmakta ve elektron mobilitesi az miktarda küçülmektedir. Bu iki mekanizmanın sonucunda yarıiletkenlerin özdirenci sıcaklık arttıkça (2.17) eşitliğine uygun olarak exponansiyel bir şekilde azalmaktadır.

Metallerin yarıiletkenlerin ve yalıtkanların özdirenç kriterlerine göre ayırt edilmesi her zaman mümkün değildir. Zira yarıiletkenlerin özdirenci, bazı sıcaklık aralıklarında metallere, bazı sıcaklık aralıklarında ise (mutlak sıfıra yaklaşıldığında) yalıtkanlar benzer davranışlar sergileyebilir.

2.6. Fotolüminesans Işıması

Enerjinin madde tarafından soğurulup görünür dalga boyunda yayınlanması olayı lüminesans olayı olarak bilinir ve lüminesans olayı uyarıcı kaynağa göre adlandırılır. Eğer radyoaktif ışınlarla uyarılırsa radyolüminesans, elektrik enerjisi ile uyarılırsa elektrolüminesans, katod ışınlarıyla uyarılırsa katodalüminesans, kristallerin kırılması veya parçalanmasıya oluşuyorsa tribolüminesans, bir fosfor veya organik molekülün kimyasal reaksiyon esnasında serbest kalan enerjinin ışımasına kemilüminesans, biyolojik maddelerin yaydığı ışımaya biyolüminesans, bir cismin ısıtılmasıyla oluşan ışımaya termolüminesans ve fotonlarla uyarılıyorsa buna da fotolüminesans olayı denir(Gezci 1992).

Fotolüminesans yayınımı bir ışınımlı geçiş olayı olup, radyasyon yayınımıyla uyarılmış durumdaki malzemenin denge durumuna gelmesi şeklinde ele alınabilir ve oluşum açısından soğurma olayının tersidir. Böyle bir sistemde elektron-hol çiftlerinin optik üreme hızı ışınımlı rekombinasyon hızına eşittir. $d\nu$ frekans aralığındaki ν frekansında oluşan yayınım hızı;

$$R(\nu)d\nu = P(\nu)\rho(\nu)d\nu \qquad (2.18)$$

bağıntısıyla elde edilip, burada $P(\nu)$; $h\nu$ enerjili bir fotonun birim zamandaki soğurulma olasılığı, $P(\nu)d(\nu)$ ise; $d(\nu)$ frekans aralığındaki ν frekanslı fotonların yoğunluğunu gösterir. Soğurma olasılığı yarıiletkendeki fotonların $\tau(\nu)$ ortalama ömrüyle bağıntılı olup,

$$P(\nu) = \frac{1}{\tau(\nu)} \qquad (2.19)$$

eşitliğiyle verilir. n kırınma indisi olmak üzere, ortalama ömür $\nu = c/n$ hızında hareket eden bir fotonun $1/\alpha(\nu)$ ortalama serbest yolu cinsinden,

$$\tau(\nu) = \frac{1}{\alpha(\nu)\nu} \qquad (2.20)$$

eşitliğiyle elde edilip, soğurma olasılığı;

$$P(\nu) = \alpha(\nu)\nu = \alpha(\nu)\, c/n \qquad (2.21)$$

28

şeklinde ve yayınım hızı;

$$R(\nu)d\nu = \frac{\alpha(\nu) 8\pi\nu^2 n^2}{c^2\left[\exp(h\nu/kT) - 1\right]} \qquad (2.22)$$

bağıntısıyla elde edilir. Burada (2.22) denklemi yayınım spektrumuyla soğurma spektrumu arasındaki temel bağıntıyı sağlar ve k(ν) sönüm katsayısı cinsinden soğurma katsayısı;

$$\alpha(\nu) = \frac{4\pi k(\nu)}{c} \qquad (2.23)$$

eşitliğni sağlar ve k(v) sönüm katsayısı cinsinden yayınım hızı;

$$R(\nu)d\nu = \frac{32\pi^2 k(\nu) n^2 \nu^3}{c^3\left[\exp(h\nu/kT) - 1\right]} \qquad (2.24)$$

şeklinde elde edilir. Saniyede birim hacim başına R rekombinasyon toplam sayısı, tüm foton frekanslarının integrasyonuyla elde edilir. u=hv/kT dönüşümü kullanılarak (2.23) bağıntısından;

$$u = \alpha(\nu)\frac{c}{4\pi h(\nu)}\frac{h}{kT} \qquad (2.25)$$

eşitliği elde edilip, toplam rekombinasyon hızı;

$$R = \frac{8\pi n^2 (kT)^3}{c^2 h^3}\int \frac{\alpha(\nu) u^2}{e^{u-1}} du \qquad (2.26)$$

şeklinde, (2.22) denklemi ise;

$$R(v)dv = \frac{8\pi}{c^2}\left(\frac{kT}{h}\right)^3 n^2\alpha(v)\frac{u^2}{e^{u-1}} \qquad (2.27)$$

bağıntısıyla elde edilip, (2.27) eşitliği yarıiletkenleri karakterize eden n^2 ve $\alpha(v)$ değerlerini ve malzemeden bağımsız,

$$U = \frac{8\pi}{c^2}\left(\frac{kT}{h}\right)^3 \frac{u^2}{e^{u-1}} \qquad (2.28)$$

fonksiyonunu içermektedir. Bu denklem takımları yarıiletken bir malzemenin soğurma ve fotolüminesans yayınım durumu için temel bağıntıları sağlamaktadır.

2.6.1. Lüminesans verimi

Elektronik geçişler, üst seviyeden temel seviyeye veya birden fazla ara seviyede oluşabilir. Ancak ara geçişler ışınımlı veya ışınımsız olabilirler. Şekil-2.8'de görüldüğü gibi bir "i" ara geçiş bölgesi ele alınırsa,

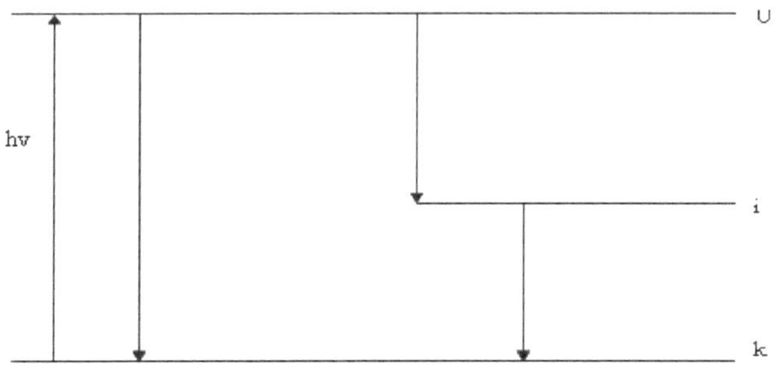

Şekil 2.8. Optik geçişlerde rekombinasyon işlemi

$u \rightarrow k$ ışınımlı geçiş olasılığı, hv foton enerjisine sahip $k \rightarrow u$ işlemindeki soğurma katsayısına dayanır. Şekil-2.8'de görüldüğü gibi ara geçiş durumu hv enerjili soğurma işlemine dahil olmaz, fakat rekombinasyon işlemi sonucunda $u \rightarrow i \rightarrow k$ şeklinde veya $u \rightarrow k$ şeklindeki geçişler meydana gelir. Eğer ışınım hv enerjisinden düşükse $u \rightarrow i \rightarrow k$ şeklinde, büyükse $u \rightarrow k$ şeklinde geçişler oluşur. $u \rightarrow k$ geçiş şekli tüm durumlar için (2.22) bağıntısına uyar. Burada τ' rekombinasyon süresi olmak üzere, ışınımlı geçiş durumlarında etkin rekombinasyon süresi;

$$\frac{1}{\tau_{etkin}} = \frac{1}{\tau} + \frac{1}{\tau'} \tag{2.29}$$

şeklinde verilir. τ' rekombinasyon süresi olmak üzere, toplam rekombinasyon hızı,

$$R_T = \frac{1}{\tau_{etkin}} \frac{np}{2n_i} \tag{2.30}$$

bağıntısıyla verilirken, ışınımlı rekombinasyon hızı,

$$R = \frac{1}{\tau} \frac{np}{2n_i} \tag{2.31}$$

şeklinde olup burada, n ve p elektron ve hol konsantrasyonlarına, n_i ise safsızlık konsantrasyonuna karşılık gelmektedir. Işınım verimi ise,

$$\eta = \frac{R}{R_T} = \frac{1}{1 + t/t'} \tag{2.32}$$

bağıntısıyla belirlenir, t burada çoğunluk taşıyıcıların ışınımlı geçiş süresini göstermektedir.

Lüminesans ışıması uyarmadan sonra, 10^{-8} sn'den daha kısa sürede oluşursa floresans, 10^{-8} sn'den daha uzun sürede oluşursa buna da fosforesans olayı denir. Işıma zamanı lüminesans malzemesine göre değişip mikrosaniye ile saatler mertebesinde olabilir.Bir maddenin yüksek verimlilikteki lüminesans yeteneği, içinde bulunan canlandırıcılarla ilgilidir. Bunlar özel kirlilik atomları olup kristal içine isteyerek aşılanan ve istemeyerek oluşma anında kristal içinde az miktarda bulunan yabancı atomlar olup yarıiletkenlerde akseptörlere karşılık gelirler. Kristallerdeki lüminesans oluşumu iki sınıfa ayrılır;

a) Elektron veya hollerin kristal örgüsü içinde yer değiştirmeleri lüminesans olayını oluşturur. Bu nedenle bu tip lüminesans yayınlayan maddeler aynı zamanda fotoiletkendir.

b) Yüklerin hareket göstermeden kristal örgüsü içinde enerji değişimine dayanan lüminesans olaylarıdır. Burada uyarıcı enerji, kristal örgüsü veya bir merkez tarafından soğurulur. Lüminesans söndüren elementlere söndürücüler veya öldürücüler denir.

Fotolüminesansta fotonun soğrulmasıyla oluşan enerji kristale aktarılır. Karakteristik lüminesans malzemelerinde canlandırıcı iyonun kendisi doğrudan fotonun enerjisini soğurur. Maddenin soğurma ve yayınım spektrumunun tepe değeriyle karşılaştırıldığında yayınım spektrumundaki yerlerinde kayma olduğu görülür, bu olay ise Stokes kayması olarak bilinir.

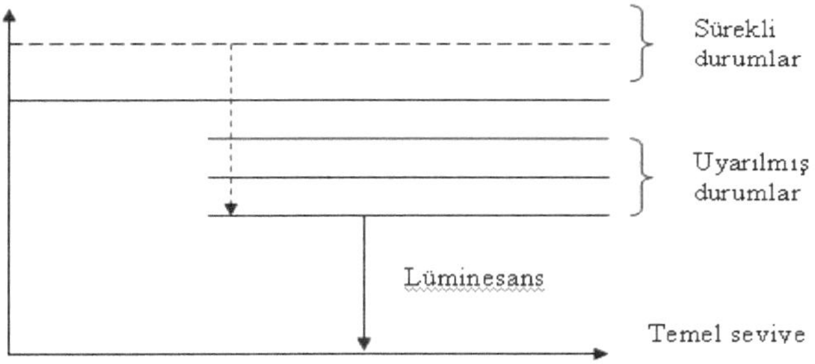

Şekil 2.9. Düşük sıcaklık fotolüminesansının oluşumu.

Fotolüminesans, uyarılmış seviyeden düşük elektronik seviyeye, genellikle temel enerji seviyesine optik geçişleri algılar. Eğer uyarılmış farklı enerji seviyesi varsa, en düşük uyarılmış seviyeden geçişler Şekil-2.9'da görüldüğü gibi hızlı termalizasyondan dolayı düşük sıcaklıklarda gözlenebilir.

Malzemede yapı bozukluğu konsantrasyonunun oldukça düşük veya yarıiletken film kalınlığının çok ince olduğu durumlarda, soğurma tekniğinin kullanımı oldukça zordur, böyle durumlarda fotolüminesans tekniği daha başarılı bir şekilde kullanılır.

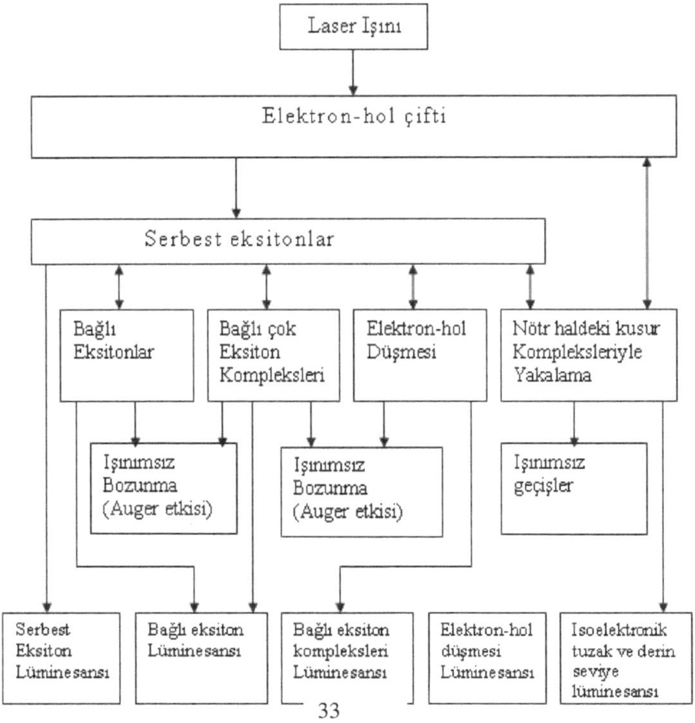

Şekil 2.10. Lüminesans oluşum mekanizması(Stradling)

Fotolüminesans yayınımında kristaldeki tuzakların ve istenmeyen bölgelerdeki ışıma merkezlerinin varlığı yayınım verimini önemli ölçüde etkilemektedir. Yarıiletken bir malzemenin bir laser kaynağı ile uyarılması sonucunda oluşan fotolüminesansın oluşum mekanizması şekil-2.10'da görülmektedir.

2.7. X-Işını

Bazı kristal katıların yapıları hakkındaki yararlı bilgiler bir malzemenin makroskopik ve mikroskopik gözlemleri sonucunda elde edilir. Örneğin görünür ışığın yüzey kusurlarından yansımasıyla kristal yapısı bilinen tek kristalli yapının kristalografik yönelimi hakkında değerli bilgiler elde edilir. Yinede görünür ışık veya morötesi ışıklar atomlar arası mesafenin ve konumlarının belirlenmesinde gerekli olan çözünürlüğe sahip değildirler. Atomlar arası mesafe yaklaşık olarak 1 A^0 civarındadır. Dolayısı ile kristal yapı hakkında bilgi edinebilmek için kullanılacak olan enerji bu dalgaboyu civarında olmalıdır. Kristal yapıların belirlenmesinde kırınım teknikleriyle ilgilenilir. Kırınım bize düzlemlerin arasındaki ortalama mesafeyi, bu düzlemler arasındaki açıları, nokta grubu simetrileri ve atomların konumları hakkında bilgiler verir.

Laue tarafından bir kristalin dalgaboyu, atomik mesafe ile karşılaştırılabilir olan, belli bir enerjiye sahip elektromanyetik dalgalar için üç boyutlu bir kırınım ağı olarak davranabileceği öngörülmüştür. Elde edilen kırınım deseni atomların düzgün olan dizilişleri hakkında bilgiler sağlar. Bir kristal yapının belirlenmesinde üç tip dalga veya parçacık radyasyonu kullanılır. Bunlar x-ışınları, elektron ve nötron radyasyonudur. Bu üç tip radyasyonun sahip oldukları enerjiler birbirlerinden çok farklıdır. X-ışını fotonları için;

$\lambda = \frac{hc}{E}$, $\lambda = 1\ A^0$ için $E = 12000$ eV'dur.

Elektron radyasyonu için daha düşük olan;

$\lambda = \frac{h}{mv} = \frac{h}{(2mE)^{1/2}}$, $\lambda = 1\ A^0$ için $E = 150$ eV enerjiye ve $v = 7x10^6$ m/s hız

gereklidir. Nötron radyasyonu için;

$\lambda = \frac{h}{mv} = \frac{h}{(2M_nE)^{1/2}}$, $\lambda = 1\ A^0$ için E =0,08 eV enerjiye ve $v = 4000$ m/s gibi çok

daha düşük enerjili ve hıza sahip olan parçacıklar gereklidir.

Bu üç tip dalga-parçacık radyasyonu periyodik örgü ile aynı genel geometrik kanunlara göre etkileşirler. Foton enerjileri 10-100 keV arasında olan x-ışınları kristalin yüzeyinden aşağı tabakalara doğru hareket edebilir ve kristal yapısı bilinmeyen malzemeler için en uygun tekniğin temelini oluşturur. X-ışınları Hidrojen gibi çok hafif atomların yerlerini belirlemede başarılı değildirler fakat daha ağır elementler için çok iyi sonuçlar verir.

Elektronun bir tek kristalden veya bir kristal filmindeki kırınımı katıların periyodik yapısını ve elektronun dalga-parçacık ikilemini göstermesinden dolayı çok etkileyicidir. Elektronlar yüklü parçacıklar olduklarından dolayı madde ile çok güçlü bir etkileşime sahiptirler. Bunun sonucu olarak kristal içerisinde birkaç yüz Angstron kadar ilerleyebilirler. Bu durum elektron kırınımını bulk malzemelerde kullanılmasını kısıtlar. Fakat iki durum için çok uygundurlar;

1) Kristalin yüzey tabakalarının ve yüzey durumlarının incelenmesinde
2) İnce filmlerin incelenmesinde

de-Broglie dalgaboyları atomik mesafe ile kıyaslanabilir olan ağır nötronlar katıyla bir çok şekilde etkileşime girebilirler. Manyetik olmayan katılarda sadece çekirdek ile etkileşime girerler. Çünkü nötronlar yüksüzdür ve elektronlara göre kütlesi çok büyüktür. Bu yüzden hafif atomların incelenmesinde daha uygundurlar (Blakemore 1989).

2.7.1. X-ışını kırınımı

Bragg, dalgaların paralel düzlemler takımı tarafından kırınıma uğramaları sonucunda basit bir formülasyon ve geometrik bir şart öne sürmüştür. Işığın bir yarıktan kırınımı ile x-ışınlarının bir kristalde kırınımı arasında fark vardır. Işığın kırınımında geliş açısı ve kırınım sonucu oluşan şuanın açısı birbirlerine eşit değildir ve bu iki açı arasında, dalgaboyu ile yarığın genişliği arasında bir ilişki söz konusudur. Bragg kırınım şartı geliş açısının ve yansıma açısının eşit olduğunu belirtir. Bununla birlikte, yansıma sadece geliş açısının dalgaboyuna uygun olduğu durumda ve ardışık iki düzlem arasındaki mesafenin uygun olduğu durumda gözlenebilir. Bragg kanunu tek bir düzlemdeki atomların dizilişi ile ilgili değildir.

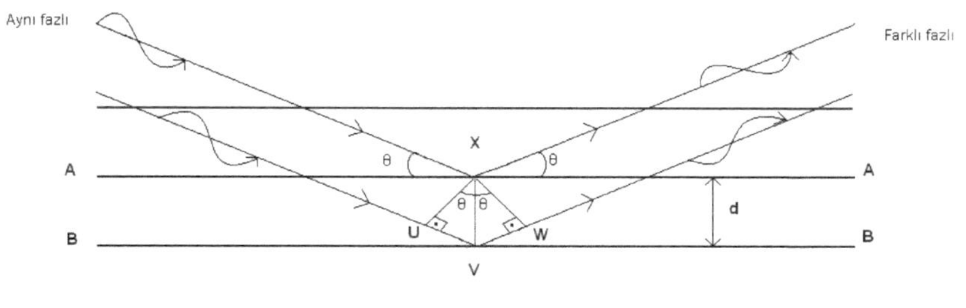

Şekil 2.11. Bragg yansımasının gösterimi

X-ışınlarının paralel olarak tek kristale doğru yönlendirildiklerini düşünelim. Bu x-ışınları kristaldeki ilerleyebildikleri bölgelerdeki tüm atomlar ile etkileşime girerler. Burada x-ışınlarının θ açısı yapan atomların bir seri paralel düzlemleri ile etkileşime girdiğini düşünüyoruz. Bu düzlemlerden ilki ile olan etkileşim sonucu yansıma açısı θ olan bir yansıma bileşeni oluşacaktır ve bu bileşen eğer x-ışınları kristalde derinlere doğru ilerliyorsa oldukça zayıftır. Bu ilk düzlem periyodik bir düzene sahip olduğu için, bu düzlem x-ışınları için iki boyutlu bir kırınım ağı olarak davranır ve zayıf bileşenler farklı θ_m açılarında farklı kırınım derecelerine yansıtılacaktır. İkinci ve bunu takip eden bütün düzlemlerde, yansıtılan enerjinin bileşenleri benzer olarak özel yansıma açılarında oluşacaktır. X-ışınları kristalde derinlere doğru binlerce ardışık düzlemden farklı zayıf bileşenleri ortaya çıkarmak için ilerleyebildiği için, x-ışını şuası ve düzlem takımlarının arasındaki geliş açılarının çoğunda yıkıcı girişimin iyi tanımlanmış düzlemlerin görünürlüğünü engelliyeceği açıktır. İkinci düzlemden yansımaya maruz kalan x-ışını şuasının birinci düzlemden yansıyan ışına göre 2dSinθ'lık fazla bir yol alacağı Şekil 2.11'de görülmektedir. Her bir yansıyan bileşen eğer düzlemler arası mesafe dalgaboyunun tam katları ise yapıcı bir girişimle birleşecektir. Sonuç olarak yansıma için verimli olan şart yani Bragg kanunu;

$$2d \sin\theta = n\lambda$$

olur burada n bir tamsayıdır. Genel olarak tek dalga boylu x-ışınları kristale doğru rastgele bir açıyla geldiklerinde yapıcı bir girişim oluşturmayacakları açıktır. Bragg kanununun gerçekleşebileceği bir durumu kadar hem dalgaboyu hem de açı değiştirilmelidir. Bragg yasası verimli bir yansıma elde etmek için gerekli olmasına rağmen, yansımayı etkileyen faktörlerden dolayı yeterli değildir. (hkl) gibi özel bir düzlemden elde edilecek olan verimli yansıma yapı faktörü ve atomik saçılma faktörü gibi parametrelerin bu yansımaya izin verip vermemesi ile alakalıdır (Blakemore 1989).

3. MATERYAL ve YÖNTEM

İnce film büyütmek için kullanılan çeşitli teknikler vardır. Bu teknikleri aşağıdaki gibi sıralayabiliriz:

1) Chemical Bath Deposition (Kimyasal Banyo Biriktirme) (CBD)
2) Successive Ioinic Layer Adsorption and Reaction (Sıralı İyonik Tabaka Çökelmesi ve Reaksiyonu) (SILAR)
3) Vacuum Evaporation (Vakum Buharlaştırma ile Büyütme)
4) Sputtering (Püskürtme)
5) Spray Pyrolysis (Eriterek Püskürtme ile Büyütme) (SP)
6) Chemical Vapor Deposition (Kimyasal Buhar Yoluyla Büyütme) (CVD)
7) Molecular Beam Epitaxy (Moleküler Demet Tabaka Yoluyla Büyütme) (MBE)
8) Dip (Daldırma Tekniğiyle Büyütme)
9) Physical Vapor Transport (Fiziksel Buhar Transferi ile Büyütme) (PVT)
10) Hot Wall Deposition (Sıcak Duvar Biriktirme ile Büyütme)

CdSe, ZnSe ve $Cd_xZn_{1-x}Se$ yarıiletken ince filmlerin büyütülmesinde, bölümümüzdeki imkanlar çerçevesinde, amacımıza uygun, büyütme yönteminin pratik olması, fazla zaman kaybına sebep olmaması, ucuz olması, büyüme boyunca zaman, kalınlık, batırma sayısı, çözelti konsantrasyonu, sıcaklık ve çözelti pH'sı gibi parametrelerin kolaylıkla kontrol edilebilmesine imkan veren bir teknik olması sebebiyle SILAR tekniğinin kullanılmasına karar verilmiştir.

3.1. SILAR (Successive Ionic Layer Adsorption and Reaction) Tekniği

Geçtiğimiz son yirmi, otuz yıl süresinde sıralı iyonik tabaka adsorption ve reaksiyonu (SILAR) yöntemi çeşitli bileşik malzemelerin ince film formunda çökeltilmesi için bir çözüm yolu olarak ortaya çıkmıştır. SILAR metodu ucuz, basit ve büyük yüzeyoluşturmak için uygundur. Yalıtkanlar, yarıiletkenler, metaller oda sıcaklığına yakın veya eşit sıcaklıklarda yapılan katkılamalarda altlık malzeme olarak kullanılabilirler. Yüksek kalitede ince film elde etmek için, başlangıç çözelti konsantrasyonuna, pH değerine, reaksiyon ve çalkalama süreleri gibi önemli parametrelere dikkat etmek gerekir.

İnce filmlerin özellikleri, bu filmlerin bütün davranışlarını üstün kılabilen yüzey ve arayüzey etkileri yüzünden bulk halinden önemli ölçüde farklılık göstermektedir. İnce filmler güneş pilleri, fotoiletkenler, sensörler, dar bant filtreleri, IR dedektörler, uyduların sıcaklık kontrolü, fototermal güneş tabakaları vb. için özel bir ilgi çekmektedir. İnce filmler, çeşitli tekniklerle üretilebilir. Bu teknikler, fiziksel ve kimyasal teknikler olmak üzere ikiye ayrılabilir. Fiziksel metodlarda, film materyal altlığa bir hedef kaynaktan değişik enerjiler ile hareket ettirilir. Bu metot metal filmler gibi bir bileşik filmlerde geniş bir şekilde kullanılır.

Fiziksel metotlara vakumda buharlaştırma ve püskürtme örnek verilebilir. Bu metotlarda ince film katkılama, ya buharlaştırma ile ya da çarpışma yöntemi ile altlığa gaz halinde transfer edilir. Kimyasal reaksiyon ve başlangıç çözeltileri içeren kimyasal film üretim metodunda ise altlık yüzeyinde veya altlığın etrafında kimyasal reaksiyon meydana gelmektedir. Kimyasal metotlara, kimyasal buhar katkılama(CVD), lazer CVD, metal organik kimyasal katkılama(MOCVD) gibi gaz fazlı kimyasal yöntemler örnek verilebilir. Sıvı fazlı kimyasal tekniklere, elektrodepozisyon, kimyasal banyolama(CBD), spray pyrolysis vb. örnek verilebilir.

İnce film katkılamak için en yeni çözelti metotlarından biri olan SILAR metodu, CBD'nin modifiye edilmiş versiyonu olarak bilinmektedir. Basit olmasına rağmen, basitlik SILAR'ın bir avantajıdır. SILAR'ın diğer avantajları:

i. Belli oranlarda hazırlanmış katyodik çözelti kullanılarak film oluşturmak kolaydır.
ii. Kapalı buhar katkılama metodunda olduğu gibi SILAR, hem yüksek kalitede altlık hem de her aşamada vakum gerektirmez.
iii. Katkılama oranı ve film kalınlığı, döngü sayısı değiştirilerek kolayca kontrol edilebilir.
iv. Oda sıcaklığında yapılan işlemlerde, daha az dayanıklı materyaller üzerinde filmler üretilebilir.
v. Altlık materyalin boyutlarında veya yüzey profilinde herhangi bir kısıtlama yoktur.

Ayrıca SILAR, diğer metotlara göre ucuz, basit ve büyük alan katkılamak için uygun bir metottur. Katkılama oda sıcaklığına yakın ve eşit sıcaklıklarda uygulanmaktadır. Böylece metalik altlıkların oksidasyonu ve aşınması önlenir. Temel yapı blokları, atomlar yerine iyonlar olduğu için hazırlayıcı parametreler kolayca kontrol edilebilir ve daha iyi yönlendirme ve gelişmiş zincir yapı elde edilebilir.

SILAR metodu, diğer metorlara göre yeni ve daha az incelenmiş bir metottur. İlk olarak 1985 yılında Ristov ve arkadaşları rapor etmişlerdir. SILAR ismi, 1985'te Nicolau tarafından bu metoda atfedildi. Bu metotla ZnS, CdZnS ve CdS ince filmleri büyüttüler. SILAR metodu, I-VI, II-VII, III-VI, V-VI, VIII-VI ikili kalkojen gruplarının ince filmlerini ve I-III-VI, II-II-VI, II-III-VI, II-VI-VI ve II-V-VI üçlü kalkojenitleri ve bileşik filmleri katkılamak için kullanışlıdır.

3.2. SILAR'ın Teorik Altyapısı

Çözeltideki homojen çökelmeden kaçınmak için deiyonize su ile her daldırma arasında çalkalama ve çözeltilerdeki iyonların reaksiyonu ve adsorpsiyonu SILAR metodunun temelini oluşturur. Başka bir maddenin yüzeyinde bir maddenin toplanması, adsorpsiyon olarak bilinir ki bu SILAR metodunun temel yapı bloğudur. Adsorption terimi, bir sistemin iki fazı arasındaki arayüzey tabakası olarak tanımlanabilir. Adsorption, iki homojen faz birbiri ile temasa başladığında düşünülebilir. Bundan dolayı gaz-katı, sıvı-katı ve gaz-sıvı gibi üç mümkün adsorpsiyon sistemidir. SILAR metodunda, yalnızca sıvı-katı sistemdeki adsorpsiyon ile ilgileniriz.

3.3. SILAR Tekniğinin Aşamaları

SILAR tekniği ile bir ince film tabakası oluşumu aşamaları şu şekildedir: Örneğin K_mA_n bileşiği için gerekli olan katyon ve anyon çözeltileri sırasıyla $[KL_p]^{n+}$ ve $[AL'_q]^{m-}$ şeklinde olsun. $[KL_p]^{n+}$ katyonu ve $[AL'_q]^{m-}$ anyonu reaksiyona girerek K_mA_n bileşiğini oluşturur. Toplam reaksiyon

$$m[KL_p]^{n+} + n[AL'_q]^{m-} \leftrightarrow K_mA_n \downarrow + mpL + nqL'$$

şeklinde verilir. SILAR ile büyütme Şekil 3.1.'de görüldüğü gibi dört adımdan oluşur.
i) Soğurma(adsorption) ii) Çalkalama1(rinsing1) iii) Reaksiyon(reaction) iv) Çalkalama2(rinsing2)

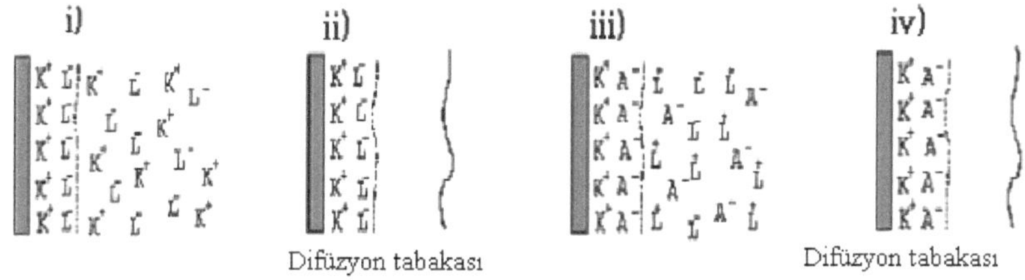

Şekil 3.1. SILAR büyütme tekniğinin şematik gösterimi. i) taban malzemenin yüzeyi katyonik çözelti olan KL_p çözeltisine batırılması ve elektriksel çift tabaka oluşumu, ii) çalkalama adımı 1, difüzyon tabakasından zayıf bağlı K^+ ve L^- iyonları atılması, iii) KL_p ile AL'_q reaksiyonu, iv) çalkalama adımı 2, zayıf bağlı ve reaksiyona girmeyen A^-, L^+, L^- iyonları difüzyon tabakasından atılması. Bu döngü sonunda taban malzeme yüzeyinde K_mA_n bileşiğinin katı tabakası oluşur.

Bir SILAR döngüsünün ilk adımı, taban malzemenin başlangıç katyonik çözeltisine $[KL_p]^{n+}$ batırılması ve belli bir süre bekletildikten sonra taban malzeme yüzeyinde bir elektriksel çift tabaka oluşması ile sonuçlanır. Bu tabaka, daha iç (pozitif yüklü) ve daha dış (negatif yüklü) iki tabakadan oluşur. Pozitif tabaka katyonları (K^+), negatif tabaka ise katyonların karşıt iyonlarını (L^-) içerir. Taban malzemenin, saf su veya deiyonize su içerisinden geçirilmesi sonucunda zayıf bağlı ve reaksiyona girmemiş K^+ ve L^- iyonları difüzyon tabakasından uzaklaştırılır. Bu işlem çalkalama 1 adımında gerçekleştirilir. Böylece doygun bir elektriksel çift tabaka oluşur. Bu da SILAR döngüsünün ikinci adımıdır. Doygun bir elektriksel çift tabaka oluştuktan sonra taban malzeme başlangıç anyonik çözeltisine $[AL'_q]^{m-}$ batırılır. Bu adım da kimyasal reaksiyonlar gerçekleşmesinden dolayı reaksiyon fazı olarakta adlandırılır. K_mA_n katı malzemenin düşük çözünürlüğünden dolayı (K^+A^-) tabakası arayüzeyde oluşur. Reaksiyon fazı, SILAR döngüsünün üçüncü adımıdır. Son adım ise taban malzemenin tekrar ayrı saf su veya deiyonize su içerisinden geçirilerek her iki başlangıç çözeltisindeki karşıt iyonları (L^-, L'^+) ve zayıf bağlı A^- iyonları difüzyon tabakasından uzaklaştırılır. Bu adım çalkalama 2 adımı olarak adlandırılır. Bu dört adıma bir SILAR döngüsü adı verilir. Bu döngünün tekrarlanması sonucunda istenilen kalınlıkta K_mA_n ince filmi elde edilmiş olur. Dikkat edilmesi gereken önemli husus, her bir farklı malzeme için batırma süreleri farklıdır.

Yukarıda bahsedildiği gibi her bir SILAR döngüsünde film kalınlığındaki maksimum artış teorik olarak bir tek tabakadır. Ölçülen toplam film kalınlığı SILAR döngü sayısına bölünürse, döngü başına büyüme oranı belirlenir (Nicolau and Menard 1988). Bu, verilen şartlar altında büyüme oranı için sayısal bir değer verir. Eğer ölçülen büyüme oranı, malzemenin örgü sabitini aşarsa çözeltide homojen bir çökelme vuku bulur. Pratikte, yinede kalınlık artışı tipik olarak bir tabakadan daha azdır.

SILAR bir çok yönden chemical bath deposition (CBD) tekniğine benzemektedir. Her iki teknikte de sulu çözeltiler ve nisbeten karmaşık olmayan parçalar kullanılır. Her iki tekniğinde temeli, yüzey ile iyonlar arasında kimyasal kuvvetlerin 42 ılmasıdır. Bir ince film büyütmek için, dış bir enerjiye gerek yoktur. CBD' de reaksiyon sıcaklığını, büyüme oranını artırmak için bazen artırılır. Ayrıca bütün başlangıç çözeltileri bir reaksiyon kabında aynı anda bulunur ve reaksiyon oranı güçlü komplekslerden iyonların yavaşça serbest kalması ile kontrol edilir. İnce filmler, taban malzeme yüzeyinde, iyonların reaksiyonu ve katkılanması ile elde edilirken, atomik seviyede film kalınlığının kontrolü chemical bath deposition (CBD) ve electrodeposition teknikleri ile çok zor iken SILAR tekniği ile daha kolay sağlanmaktadır. Böylece elde edilen filmler, yüzey düzgünlüğü, multilayer yapılar ve kalınlık gibi özellikleri bakımından daha yüksek kaliteye sahip olabilmektedirler.

Bunun yanında, SILAR tekniğinin çalışma prensibi, atomic layer deposition (ALD) veya atomic layer chemical vapor deposition (ALCVD) diye adlandırılan gaz fazındaki tekniklere de benzemektedir. Her iki teknikte de büyütme ortamında suya daldırma veya arıtma ile ayrıştırma ve sırasıyla başlangıç çözeltilerine batırma sonucu reaksiyon işlemleri mevcuttur (Kanniainen 2001).

SILAR tekniği, II-VI grubu yarıiletken malzemelerin büyütülmesinde sıkça kullanılmaktadır: CdSe (Lokhande *et al.* 2002), ZnSe (Kale *et al.* 2004), ZnS (Nicolau 1985-87; Kanniainen *et al.* 1995; Lindroos *et al.* 1997; Valkonen *et al.* 1997), CdS (Nicolau 1985; Sankapal *et al.* 2000), $Zn_{1-x}Cd_xS$ (Laukaitis *et al.* 2000), onların kombinasyonlar gibi: $Zn_{1-x}Cd_xS$:In ve ZnS :Mn (Lindroos *et al.* 1995). Bunlardan başka kurşun ve bakır sülfürler, PbS ve CuS (Lindroos *et al.* 2000) SILAR tekniği ile büyütülmüştür. Çeşitli oksit filmlerin büyütülmesinde de kullanılmıştır. Taban malzeme olarak soda lime glass (Nicolau 1985-87); (111)Si, (111)Ge, (100) GaAs, (111)InP, (111)CaF_2, (0112)Al_2O_3, (0110)$LiNbO_3$ tek kristalleri; Mo, Ti ve Ta polikristal levhaları; ITO (indium tin oxide) kaplı (150 nm) camları, kuartz, amorf Corning (7059) camı; polikarbonat ve polyester polimer yüzeyler (Lindroos *et al.* 1997) kullanılmaktadır.

Son yıllarda, birkaç yeni malzeme SILAR tekniği ile büyütülebilen malzemeler listesine girmiştir. SILAR tekniği AgS, Sb_2S_3, Bi_2Se_3, SnS_2, InSe gibi malzemelerin büyütülmesinde kullanılmaktadır.

SILAR tekniği ile ince film çalışmak daha çekici, ucuz, basit ve az zaman harcanması ile diğer tekniklerle mukayese edilmektedir. Bu tekniğin en önemli avantajı büyüme boyunca bazı parametreleri örneğin zaman, kalınlık, batırma sayısı, çözelti konsantrasyonu, sıcaklık ve çözelti pH'sı kolay kontrol edilebilir. Büyüme olayını başlangıç çözeltilerinin özellikleri, onların pH değerleri, konsantrasyonları, karşıt iyonlar, daldırma ve çalkalama zamanları ve çalkalama su türü gibi değişik faktörler etkilemektedir.

3.4. Çözeltilerin Hazırlanması

CdSe, $Cd_xZn_{1-x}Se$ ve ZnSe yarıiletken filmlerinin SILAR metodu ile elde edilebilmesi için Cd, Zn ve Se elementlerini içeren bileşiklerin ayrı ayrı çözeltileri hazırlanmıştır. Cd kaynağı olarak $CdCl_2$, Zn kaynağı olarak $ZnCl_2$ ve Se kaynağı olarak ise Na_2SeSO_3 kullanılmıştır.

3.4.a. $CdCl_2$ çözeltisinin hazırlanması

Cd kaynağı olarak kullanılan saf $CdCl_2$ tuzu suda kolay çözünebilen ve formül ağırlığı 183,316 g/mol olan bileşiktir. Çözelti 0,1M konsantrasyonunda ve 100 ml deiyonize su içerisinde 1,83316 g $CdCl_2$ çözülecek şekilde hazırlanmıştır. Çözeltinin pH değeri ~5.5' tir.

3.4.b. $ZnCl_2$ çözeltisinin hazırlanması

Zn kaynağı olarak kullanılan saf $ZnCl_2$ tuzu suda kolay çözünebilen ve formül ağırlığı 136,276g/mol olan bileşiktir. Çözelti 0,1M konsantrasyonunda ve 100 ml deiyonize su içerisinde 1,3627g $ZnCl_2$ çözülecek şekilde hazırlanmıştır. Çözeltinin pH değeri ~5.5' tir.

3.4.c. Na_2SeSO_3 çözeltisinin hazırlanması

100 g Na_2SO_3 ile 5 g Se parçaları 500 ml deiyonize suda 8 saat süresince karıştırılarak 0,13 M konsantrasyonunda Na_2SeSO_3 çözeltisi elde edilmiştir. Çözeltinin pH değeri ~10,5'tir.

3.5. Altlıkların Hazırlanması

Taban malzemesi (substrate) olarak, kalınlığı 1mm ve kenarları yaklaşık olarak 1cm x1cm olan mikroskop camlar (lam) kullanıldı. Taban malzemeler, öncelikle yağlardan arındırılmak için sabunlu suda iyice yıkandıktan sonra aseton içinde 10 dakika ultrasonik olarak temizlendi. Daha sonra bire bir (1:1) etanol su karışımı içinde 10 dakika ultrasonik olarak temizlendi. Temizlenen camların bir yüzeyine bant yapıştırılarak oluşacak filmlerin bant yüzeyinde oluşması sağlandı.

3.6. CdSe İnce Filmlerin Üretimi

CdSe ince filmlerin üretiminde Cd iyonları için pH değeri 5,5 olan 0,1 M $CdCl_2$ ve Se iyonları içinde pH değeri 10,5 olan 0,13 M Na_2SeSO_3 çözeltisi kullanıldı. Film büyütme işlemi 45 ^{0}C'de yapıldı.

Çizelge 3.1. CdSe ince filmlerinin büyütülmesi için kullanılan parametreler

Parametreler	Başlangıç çözeltileri	
	Kadmiyum klorür($CdCl_2$)	Sodyum selenosülfat(Na_2SeSO_3)
Konsantrasyon (M)	0,1	0,13
pH	45	~10,5
Daldırma süresi (saniye)	25	25
SILAR döngü sayısı	30	30

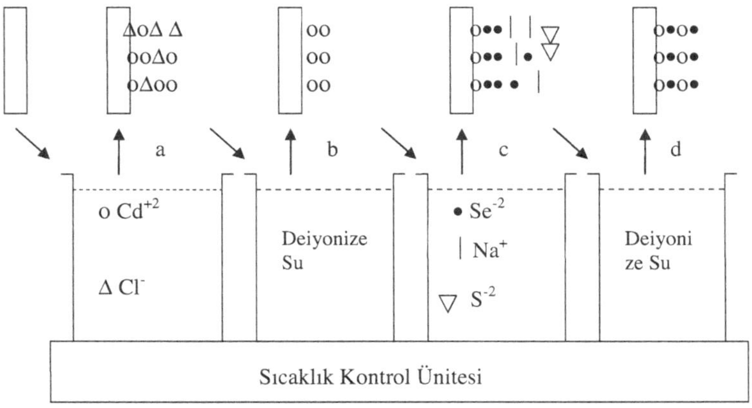

Şekil 3.2. CdSe ince filmlerinin SILAR tekniği ile büyütülmesinin şematik gösterimi

CdSe ince filminin SILAR tekniği ile oluşma mekanizması Şekil 3.2'de gösterilmektedir. Taban malzeme, Şekil 3.2a'daki $CdCl_2$ çözeltisine batırılıp 25 saniye tutulur, kadmiyum (Cd^{2+}) ve az miktarda klorür (Cl^-) iyonları yüzeyde toplanmaya başlar (a). Taban malzeme Şekil 3.2b'deki deiyonize su içerisinde 50 saniye tutularak zayıf bağlı Cd^{2+} ve Cl^- iyonlarının yüzeyden ayrılması sağlanır (b). Sonra taban malzeme, sodyum seleno sülfat (Na_2SeSO_3) içerisine batırılıp 25 saniye tutulur. Böylece selenyum iyonları (Se^{2-}), yapışmış Cd^{2+} iyonları ile reaksiyona girer (c). Reaksiyona girmeyen zayıf bağlı sodyum (Na^+), sülfür (S^{2-}) ve selenyum (Se^{2-}) iyonlarının Şekil 3.2d'de deiyonize su içerisinde taban malzeme 50 saniye tutularak yüzeyden ayrılmaları sağlanır (d). Böylece bir SILAR döngüsü tamamlanmış olur. Bu şekildeki SILAR döngülerinden sonra taban malzeme üzerinde CdSe ince filmi büyütülmüş olur. Bu SILAR döngüsünü 20, 25, 30, 35 kez ayrı ayrı tekrarlayarak farklı kalınlıkta CdSe ince filmler elde edildi.

3.7. ZnSe İnce Filmlerin Üretimi

ZnSe ince filmlerin üretiminde Zn iyonları için pH değeri 5,5 olan 0,1 M $ZnCl_2$ ve Se iyonları içinde pH değeri 10,5 olan 0,13 M Na_2SeSO_3 çözeltisi kullanıldı. Film büyütme işlemi 35 ^{0}C'de yapıldı.

Çizelge 3.2. ZnSe ince filmlerinin büyütülmesi için kullanılan parametreler

Parametreler	Başlangıç çözeltileri	
	Çinko klorür($ZnCl_2$)	Sodyum selenosülfat(Na_2SeSO_3) Konsantrasyon
(M)	0,1	0,13
pH	~ 5,5	~10,5
Daldırma süresi (saniye)	25	25
SILAR döngü sayısı	30	30

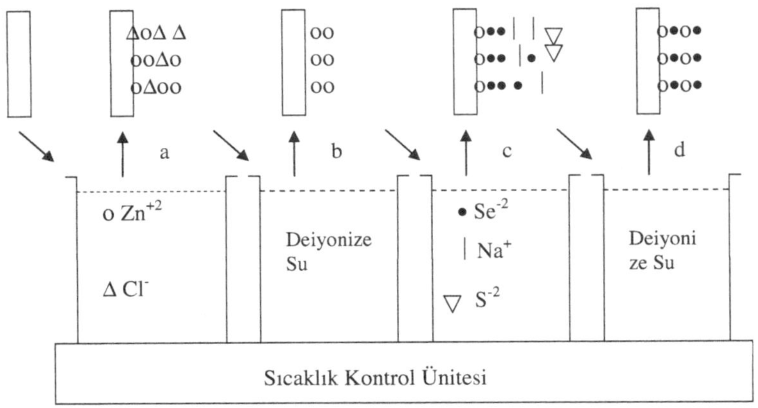

Şekil 3.3. ZnSe ince filmlerinin SILAR tekniği ile büyütülmesinin şematik gösterimi

ZnSe ince filminin SILAR tekniği ile oluşma mekanizması Şekil 3.3'de gösterilmektedir. Taban malzeme, Şekil 3.3a'daki $ZnCl_2$ çözeltisine batırılıp 25 saniye tutulur, çinko (Zn^{2+}) ve az miktarda klorür (Cl^-) iyonları yüzeyde toplanmaya başlar (a). Taban malzeme Şekil 3.3b'deki deiyonize su içerisinde 50 saniye tutularak zayıf bağlı Zn^{2+} ve Cl^- iyonlarının yüzeyden ayrılması sağlanır (b). Sonra taban malzeme, sodyum seleno sülfat (Na_2SeSO_3) içerisine batırılıp 25 saniye tutulur. Böylece selenyum iyonları (Se^{2-}), yapışmış Zn^{2+} iyonları ile reaksiyona girer (c). Reaksiyona girmeyen zayıf bağlı sodyum (Na^+) , sülfür (S^{2-}) ve selenyum (Se^{2-}) iyonlarının Şekil 3.3d'de deiyonize su içerisinde taban malzeme 50 saniye tutularak yüzeyden ayrılmaları sağlanır (d). Böylece bir SILAR döngüsü tamamlanmış olur. Bu şekildeki 30 SILAR döngüsünden sonra taban malzeme üzerinde ZnSe ince filmi büyütülmüş olur.

3.8. $Cd_xZn_{1-x}Se$ İnce Filmlerin Üretimi

$Cd_xZn_{1-x}Se$ ince filmlerin üretiminde Cd ve Zn iyonları için pH değeri 5,5 olan 0,1 M $CdCl_2$ ve $ZnCl_2$ çözeltileri 100 ml deiyonize su içerisinde istenilen x oranında karıştırılarak hazırlandı. Se iyonları içinde pH değeri 10,5 olan 0,13 M Na_2SeSO_3 çözeltisi kullanıldı. Film büyütme işlemi 35 ^0C'de yapıldı.

Çizelge 3.3. $Cd_xZn_{1-x}Se$ ince filmlerinin büyütülmesi için kullanılan parametreler

Parametreler	Başlangıç çözeltileri	
	Kadmiyum klorür+Çinko klorür($CdCl_2+ZnCl_2$)	Sodyum selenosülfat(Na_2SeSO_3)
Konsantrasyon (M)	0,1	0,13
pH	~ 5,5	~10,5
Daldırma süresi (saniye)	25	25
SILAR döngü sayısı	30	30

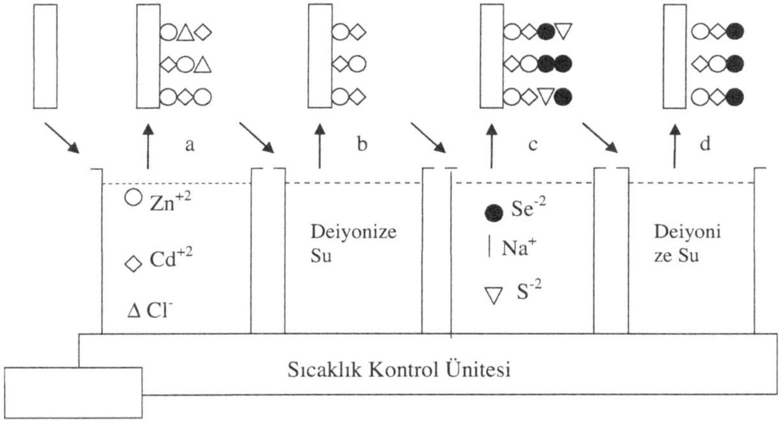

Şekil 3.4. $Cd_xZn_{1-x}Se$ ince filmlerinin SILAR tekniği ile büyütülmesinin şematik gösterimi

$Cd_xZn_{1-x}Se$ ince filminin SILAR tekniği ile oluşma mekanizması Şekil 3.4'de gösterilmektedir. Taban malzeme, Şekil 3.4a'daki $ZnCl_2$ ve $CdCl_2$ karışımı çözeltisine batırılıp 25 saniye tutulur, kadmiyum(Cd^{2+}), çinko (Zn^{2+}) ve az miktarda klorür (Cl^-) iyonları yüzeyde toplanmaya başlar (a). Taban malzeme Şekil 3.4b'deki deiyonize su içerisinde 50 saniye tutularak zayıf bağlı Cd^{2+}, Zn^{2+} ve Cl^- iyonlarının yüzeyden ayrılması sağlanır (b). Sonra taban malzeme, sodyum seleno sülfat (Na_2SeSO_3) içerisine batırılıp 25 saniye tutulur. Böylece selenyum iyonları (Se^{2-}), yapışmış Cd^{2+} ve Zn^{2+} iyonları ile reaksiyona girer (c). Reaksiyona girmeyen zayıf bağlı sodyum (Na^+) , sülfür (S^{2-}) ve selenyum (Se^{2-}) iyonlarının Şekil 3.4d'de deiyonize su içerisinde taban malzeme 50 saniye tutularak yüzeyden ayrılmaları sağlanır (d). Böylece bir SILAR döngüsü tamamlanmış olur. Bu şekildeki 30 SILAR döngüsünden sonra taban malzeme üzerinde $Cd_xZn_{1-x}Se$ ince filmi büyütülmüş olur.

3.9. Film Kalınlıklarının Ölçümü

Üretilen CdSe, $Cd_xZn_{1-x}Se$ ve ZnSe ince filmlerinin kalınlıkları, hava kaması yöntemiyle belirlendi. Bu yöntemle kalınlık tayininin temelini girişim olayı oluşturmaktadır. Örneğin yağmurlu havadan sonra, yollara birikmiş sular üzerinde bazen renklenmeler görürüz. Bunun sebebi, yollara dökülen yağların su birikintisi üzerinde çok ince bir film oluşturarak, güneşten gelen ışınları yansıtmasıdır. Bütün bu renklenmelerin sebebi güneş ışınlarının, oluşan bu çok ince filmlerin üst ve alt yüzeylerinden yansıyarak girişim oluşturmasıdır. Eğer ince yağ tabakalarını tek renkli bir ışıkla aydınlatırsak, renklenmeler yerine ardışık aydınlık ve karanlık bölgeler gözleriz. Kullanılan monokromatik ışığın rengi değiştikçe, aydınlık ve karanlık bölgelerin yerleri de değişir.

Şekil 3.5'de görüldüğü gibi, kalınlığı d, kırılma indisi n olan bir film $(n_{film} > n_{hava})$ ele alalım ve hava ortamında ilerleyen ışık ışınlarının film yüzeyine dik olarak geldiklerini varsayalım.

- Kırılma indisi n_1 olan bir ortamdan, kırılma indisi n_2 olan bir ortama doğru ilerleyen bir dalga, $n_2 > n_1$ olduğunda yansıma sonucu 180° lik faz değişimine uğrar, $n_2 < n_1$ olduğunda ise faz değişikliğine uğramaz.
- Kırılma indisi n olan bir ortamdaki ışığın dalgaboyu (λ_n), $\lambda_n = \lambda / n$ ile verilir, buradaki λ, ışığın serbest uzaydaki dalgaboyudur.

A noktasına varan ışınların bir kısmı yansıyarak geldikleri ortama geri dönerken, bir kısmı da kırılarak alt yüzeyde bulunan B noktasına varacaktır. Bu noktaya gelen ışınların bir kısmı kırılarak hava ortamına geçerken, bir kısmı yansıyarak filmin üst yüzeyinde bulunan C noktasına varacaktır. Benzer şekilde, C'ye gelen ışınların bir kısmı kırılarak hava ortamına çıkarken, bir kısmı da yansıyarak tekrar filmin alt yüzeyindeki D noktasına varacak ve bu işlem devam edip gidecektir.

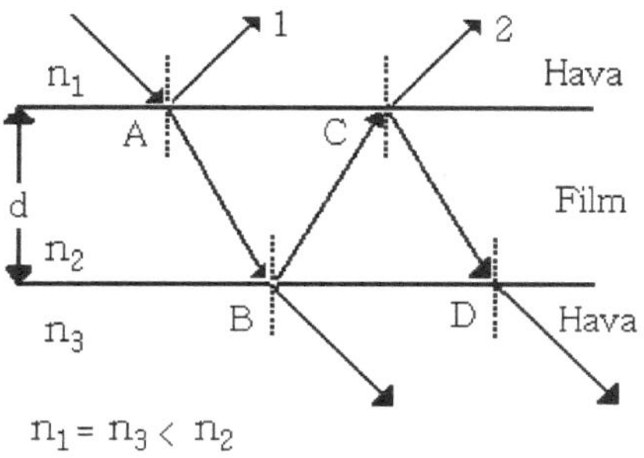

Şekil 3.5. Hava ortamında bulunan ince bir filmde girişim olayı

Sadece ortam değişikliğinden dolayı, yansıyan iki ışın arasında yarım dalga boyluk bir faz farkı vardır. Işınlar, film yüzeyine dike yakın olarak geldiklerinden birinci yansıyan ışın ile ikinci yansıyan ışın arasında 2d kadar da yol farkı vardır. Eğer optik yol farkı, 2nd + $\lambda/2$ değeri dalga boyunun tam katlarına eşit olursa, filmin üst kısmından yansıyan ışınlar aydınlık bir bölge (yapıcı girişim) oluştururlar.

$$2nd + \lambda/2 = k\lambda$$

$$2nd = k\lambda - \lambda/2$$

$$2nd = (2k-1)\frac{\lambda}{2}$$

$$d = (2k-1)\frac{\lambda}{4n} \qquad (3.1)$$

(3.1) formülünde yer alan k; 1,2,3,....... Değerlerini alıp ilk karanlık bölgeden sonra oluşan kaçıncı aydınlık saçak olduğunu gösterir.

Şayet 2nd + $\lambda/2$ değeri, dalga boyunun yarım katlarına eşit olursa üstten yansıyan ışınlar birbirini söndürüp karanlık bölgeler (yıkıcı girişim) oluştururlar.

$$2nd + \lambda/2 = \left(k + \frac{1}{2}\right)\lambda$$

$$2nd = k\lambda + \lambda/2 - \lambda/2$$

$$d = k\frac{\lambda}{2n} \qquad (3.2)$$

k = 0,1,2,3,..... değerlerini alıp sıfıra karşılık gelen ilk saçak karanlıktır.

Yapıcı ve yıkıcı girişime ait bahsedilen koşullar, filmin üst yüzeyi üzerindeki ortam ile alt yüzeyi altındaki ortam aynı olduğunda geçerlidir. Film iki farklı ortam arasına yerleştirildiğinde yapıcı ve yıkıcı girişim koşulları yer değiştirir.

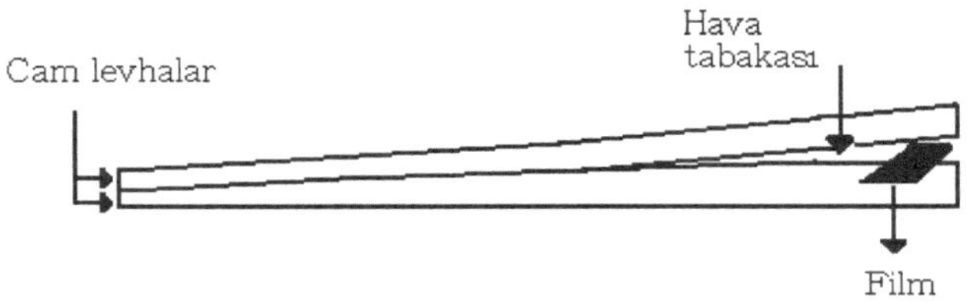

Şekil 3.6. Hava kaması

Şekil 3.6'da görüldüğü gibi, birer uçları üst üste olan iki cam levhanın diğer uçları arasına bir ince film koyarak, tek renkli bir ışıkla aydınlatılması durumunda, cam üzerinde ard arda aydınlık ve karanlık saçaklardan oluşmuş bir girişim deseni gözlenir. Karanlık bölge yıkıcı girişime karşılık gelmek üzere, hava kaması kalınlığının sıfır (d=0) olduğu noktada görülür. Diğer karanlık saçaklar (3.2) denkleminin sağladığı $\lambda/2n$, λ/n, $3\lambda/2n$,... konumlarında, aydınlık saçaklar ise (3.1) denkleminin sağladığı $\lambda/4n$, $3\lambda/4n$, $5\lambda/4n$,..... konumlarında görülür.

Çizelge 3.4. CdSe ince filmlerinin kalınlık değerleri

SILAR Turu	**Kalınlık (nm)**
20	510
25	650
30	812
35	940

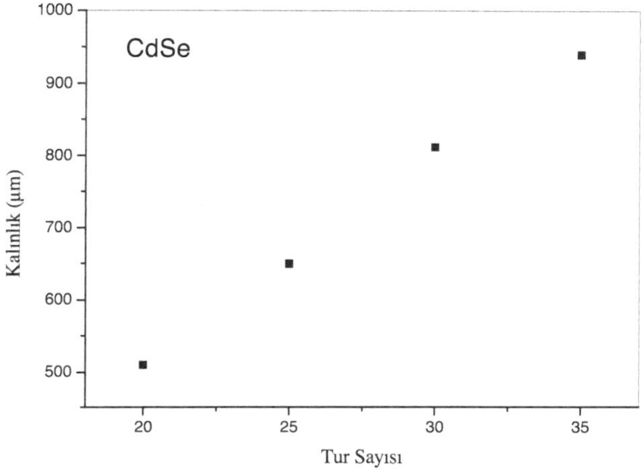

Şekil 3.7. CdSe filminde kalınlığın tur sayısı ile değişimi

3.10. Soğurma Yöntemi ile Yarıiletkenlerin Yasak Enerji Aralığının Belirlenmesi

Yarıiletkenlerin yasak enerji aralığının belirlenmesinde en çok kullanılan yöntem absorpsiyon yöntemidir. Bu yöntemle bant aralığı belirlemede soğurma katsayısı ile yasak enerji aralığı arasındaki

$$(\alpha h\nu)^n \approx (h\nu - E_g) \qquad (3.3)$$

bağıntısından yararlanılır. Bu denklemde h Planck sabiti, α soğurma katsayısı ve ν frekansdır. Absorpsiyon yönteminde $(\alpha h\nu)^n$'nin $h\nu$'ye karşı grafiği çizilir (Şekil 3.8). Bu değişimin lineer kısmı için çizilen doğrunun $h\nu$ eksenini kestiği noktadaki $\left[(\alpha h\nu)^n\right]=0$ enerji değeri incelenen malzemenin yasak enerji aralığı değerini verir. Denklem (3.3) de, n=2 ise malzeme direkt bant aralığına, n=1/2 ise indirekt bant aralığına sahip olacaktır.

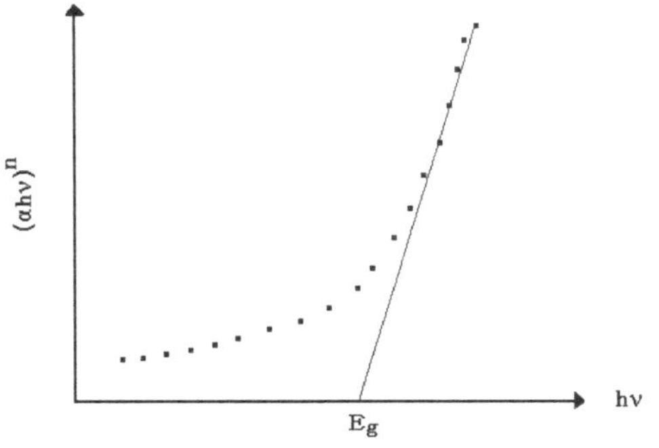

Şekil 3.8. $(\alpha h\nu)^n$' nin $h\nu$' ye göre değişimi

3.11. Elektron Mikroskobu

Katıların atomik yapısını incelemek için X-ışınlarını kullanmak tek yol değildir. Elektronlar ve nötronlar bir kristaldeki atomlar arası mesafeyle kıyaslanabilecek veya daha kısa dalga boyuna sahip dalga tabiatı gösterirler. Nötronların saçılması X-ışınları ile elde edilen desenlere benzer saçılma desenleri üretirler. Fakat nötronlar magnetik momente sahip olduklarından, magnetik malzemelerle çalışırken ilave bilgiler sağlarlar. Bunun tersi elektronlar daha farklı yollarla kullanılırlar. Elektronun yükü olması nedeniyle bir elektrik ve magnetik alan vasıtasıyla odaklanması mümkündür. Dolayısıyla elektronlar kullanılarak optik mikroskoba benzer sistemler yapılabilir ve bunlar kristalin atomik yapısını doğrudan görmemizi sağlar. Kuantum teorisine göre kütlesi m olan parçacığın dalga boyu,

$$\lambda = \frac{h}{\sqrt{2mE}} \qquad (3.5)$$

olarak verilir. Burada E parçacığın kinetik enerjisi ve h Planck sabitidir. Bu formüle göre, birkaç elektron volt büyüklüğünde enerjiye sahip elektronlar kullanılarak kristal yapı içindeki atomlar incelenebilir. Fakat bu enerjiye sahip elektron şuası kristal üzerine gönderilirse, elektronların kristal tarafından soğurulmasından dolayı atomların dizilişleri hakkında hiçbir bilgi elde edilemeyecektir. Bunu önleyebilmek için birkaç yüz keV gibi çok yüksek enerji değerine sahip elektronlar kullanılmalıdır ve elektronların büyük bir kısmının kristalden geçebilmesi için kristal birkaç yüz nanometre kalınlığında olmalıdır. 100keV enerjiye sahip elektronun dalga boyu 0,004 nm olduğuna göre böyle bir sistemle tek bir atomu görme imkânı mevcuttur. Ancak Heisenberg belirsizlik ilkesi gibi sebeplerden dolayı elektron mikroskobunun çözünürlüğü 0,5nm ile sınırlıdır. Fakat bu bile tek bir atomu görmek için yeterlidir. Şunu da belirtmek gerekir ki elektron mikroskobundan daha hassas mikroskoplar da geliştirilmiştir. Malzemenin yüzeyini tarayarak, çok ince ucuyla tek bir atomu görebilecek taramalı prob mikroskobu bunlardan biridir. Böyle bir sistem ilk defa 1981'de IBM Zurih laboratuarlarında taramalı tünel mikroskobu adıyla geliştirilmiştir. Taramalı prob mikroskobunun temel prensibi, probun yüzeyden sabit bir mesafede tutulmasına (tipik olarak 1nm) dayanmaktadır. Böylece yüzeyin halkalar şeklinde haritası çıkarılmakta ve böylece tek bir atom tanımlanabilmektedir.

3.12. Yarıiletkenlerin Özdirencinin Prob Yöntemiyle Ölçülmesi

Yarıiletken malzemelerin özdirenç ölçümleri için en çok iki problu, dört problu ve Wan der Pauw yöntemleri kullanılmaktadır. Örnekten akım geçerken belli bir bölgedeki elektriksel potansiyel farkı ölçümleri bu yöntemin temelidir.

İki problu yöntem ölçümleri için örneklerin şekli tam belirli olmalıdır. Dört problu ve Wan der Pauw yöntemlerinde kullanılan örneklerin şekli serbest olabilir.

İki problu yöntemde kullanılan örnekler düzgün dikdörtgen geometrik şeklinde ve sabit kesit alana sahip olmalıdırlar. Örneğin iki karşı kenar yüzeylerinde akım için kullanılan omik kontaklar bulunmalıdır (Şekil 3.9).

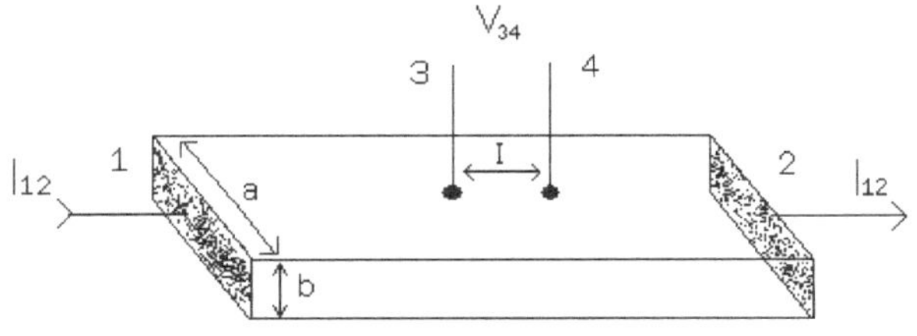

Şekil 3.9. İki problu yöntemle özdirenç ölçme devresi.

Gerilim ölçümleri ($V_{3,4}$) için, akım çizgileri üzerine 3 ve 4 küçük alanlı, birbirinden ℓ uzaklıkta omik kontaklar yapılmaktadır.

Homojen bir örnekte özdirencin değeri şu şekilde verilir.

$$\rho = \frac{S}{l}\frac{V_{34}}{I_{12}} \tag{3.6}$$

Burada I_{12} 1 ve 2 numaralı kontaklardan geçen sabit akım, V_{34} 3 ve 4 kontakları arasında oluşan gerilim, S=ab akımın yönüne dik olan örneğin kesit alanı ℓ ise, 3 ve 4 gerilim probları arasındaki uzaklıktır.

Akımın birimi amper, gerilimin birimi volt, örnek boyutlarının birimi santimetre olduğu zaman (3.6) formülüyle hesaplanan özdirencin birimi ohm x cm olur. Özdirenç ölçümlerinde kontakların direncinin etkisini ortadan kaldırmak için yüksek iç dirençli voltmetreler kullanılmaktadır.

Dört problu yöntem yarıiletkenlerin özdirenç ölçümlerinde en çok kullanılan yöntemdir. Örnek şeklinin düzgünlüğüne ve kontakların tam omikliğine bu yöntemde gerek duyulmamaktadır. Dört problu yöntemi kullanmak için örneğin en az bir yüzeyi düzlemsel olmalı ve bu yüzeyin geometrik boyutları, kontak sisteminin boyutlarından daha büyük olmalıdır. Bu ölçümlerde küçük alanlı dört kontak, örneğin düzlemsel yüzeyine yerleşmektedir (Şekil 3.10.).

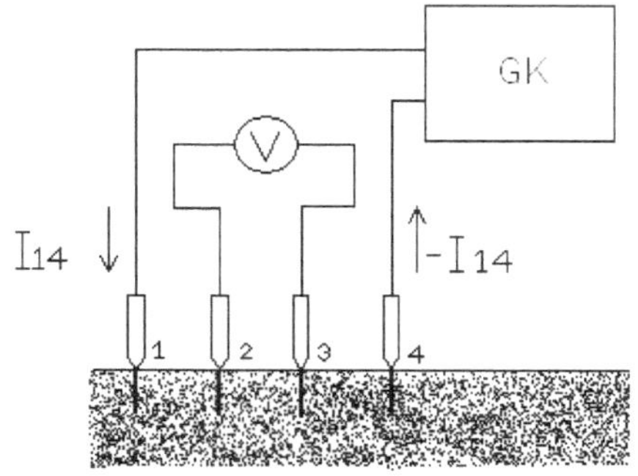

Şekil 3.10. Dört prob yöntemiyle özdirenç ölçme devresi (GK güç kaynağıdır)

İki dış (1 ve 4) kontaktan akım (I_{14}) geçirilir ve iki iç (2 ve 3) kontak arasındaki gerilim (V_{23}) ölçülür. Birbirinden eşit uzaklıkta (l) yerleşen dört kontaklı bir sistem kullanıldığında örneğin özdirenci,

$$\rho = 2\Pi l \frac{V_{23}}{I_{14}} \tag{3.7}$$

formülü ile hesaplanabilir. Akımın birimi amper, gerilimin birimi volt, örnek boyutlarının birimi santimetre olduğu zaman özdirencin birimi ohmxcm olur. Dört problu yöntemle özdirenç ölçümü için kullanılan elektrik devre çok basittir (Şekil 3.10). Elektrik güç kaynağından akım 1 ve 4 kontaklarından geçirilmektedir. 2 ve 3 kontakları arasındaki gerilim yüksek iç dirençli voltmetre ile ölçülmektedir. Ölçümler örneğin ısınmaması için düşük akım değerlerinde gerçekleştirilmektedir.

Wan der Pauw yöntemi, serbest formlu düzlemsel plaka şeklindeki örneklerin özdirenç ölçümlerinde geniş olarak kullanılmaktadır. Bu ölçümler için örneğin kenarının dört noktasına omik kontaklar yapılır. (Şekil 3.11)

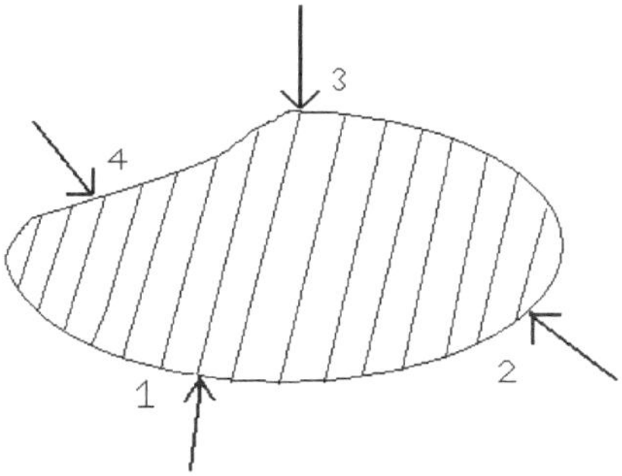

Şekil 3.11. Wan der Pauw yöntemiyle özdirenç ölçümünde kontakların yerleştirilmesi.

Önce 1 ve 4 kontaklarından akım (I_{14}) geçirilir, 2 ve 3 kontakları arasındaki gerilim farkı (V_{23}) ölçülür ve aşağıdaki formüle göre direnç R_1 hesaplanır.

$$R_1 = \frac{V_{23}}{I_{14}} \tag{3.8}$$

Daha sonra 1 ve 2 kontaklarından akım (I_{12}) geçirilir ve 3 ve 4 kontakları arasındaki gerilim farkı (V_{34}) ölçülür ve R_2 direnci,

$$R_2 = \frac{V_{34}}{I_{12}} \qquad (3.9)$$

eşitliğinden bulunur. Wan der Pauw yönteminin teorisine göre, direncin bu iki değeri ve örneğin özdirenci arasındaki ilişki,

$$\rho = \frac{\pi b}{\ell n 2} \frac{R_1 + R_2}{2} f\left(R_1 / R_2 \right) \qquad (3.10)$$

ile verilir. Burada b örneğin kalınlığı, $f(R_1/R_2)$ düzeltme fonksiyonudur. R_1/R_2 oranının birden çok az farklı olduğu durumda, bu yöntemle örneklerin özdirenci çok yüksek bir doğrulukla ölçülebilmektedir. Kontakların alanı büyüktür ve örneğin kenar yüzeyinden düzlem yüzeyine yayıldığı durumda özdirenç ölçü hataları artmaktadır. Bu hataların sebeplerini ortadan kaldırmak veya azaltmak için özel geometrik formlu örnekler kullanılmaktadır.

3.13. Yarıiletkenin İletkenlik Tipinin Tayin Edilmesi

Yarıiletkenlerin iletkenlik tipini (n-tipi veya p-tipi) bulmak için, birkaç yöntem kullanılmaktadır. Bunlardan biri Hall sabitinin (R_H) işaretine bağlıdır. Donor veya n-tipi yarıiletken için Hall sabitinin işareti negatiftir, akseptör veya p-tipi yarıiletken için Hall sabitinin işareti pozitiftir. Termoelektrik ölçümlerden daha basit yöntemle yarıiletkenin iletkenlik tipi belirlenebilir.

Önce, yarıiletkenlerde termoelektrik olayı göz önüne alalım. Yarıiletken (örneğin n-tipi yarıiletken) homojen olamayacak şekilde ısıtıldığında 59 $_1$)>$T_2(x_2)$ (Şekil 3.12.a) elektronların konsantrasyonu daha sıcak bölgede artmakta, x-ekseninin pozitif yönünde elektronların konsantrasyon gradyenti oluşmakta ve bu nedenle elektronlar daha sıcak bölgeden daha soğuk bölgeye doğru hareketlenmektedirler (Şekil 3.12.b). n-tipi yarıiletkende elektronların daha sıcak bölgeden soğuk bölgelere difüzyonu neticesinde, daha sıcak bölgede pozitif hacimsel yük (pozitif yüklü donor iyonlarından oluşmuş) ve daha soğuk bölgede elektron konsantrasyonunun fazlalığından oluşmuş negatif yük meydana gelmektedir. Böylece, sıcaklık gradyenti şartında ısınan yarıiletkende, x_1 ve x_2 noktaları arasında termal elektromotor kuvveti (TEMK) oluşmaktadır. Eğer yarıiletkenin bu noktaları kapalı devre haline getirilirse, bu durumda devreden termoelektrik akımı geçecektir.

p-tipi yarıiletkende, tersine, pozitif yüklü boşlukların daha sıcak bölgeden daha soğuk bölgeye difüzyonu nedeniyle, daha sıcak bölgede hacimsel negatif elektrik yükü oluşmaktadır.

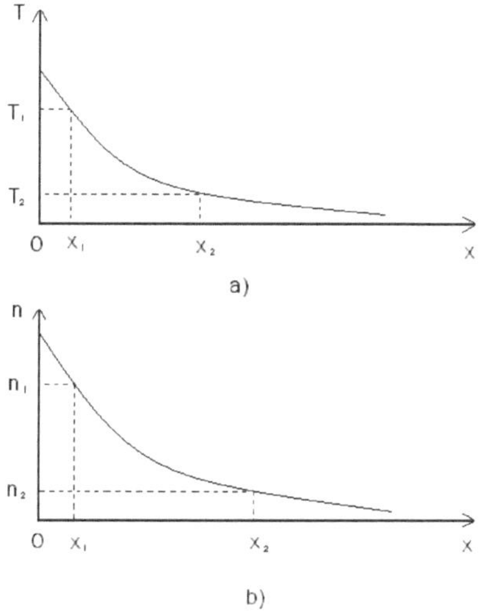

Şekil 3.12. Yarıiletkenlerde (a) sıcaklığın ve (b) elektron konsantrasyonunun dağılımı.

Böylece, sıcaklık gradyenti şartında ısınan yarıiletkende, kapalı devre termoelektrik akımı oluşmaktadır. n-tipi yarıiletkende, elektronlardan oluşmuş akım ve p-tipi yarıiletkende, boşluklardan oluşmuş akım daha sıcak bölgelerden daha soğuk bölgeler yönünde hareket etmektedir. n-tipi yarıiletkende daha sıcak bölgenin elektrik kutbu pozitif, p-tipi yarıiletkende ise daha sıcak bölgenin elektrik kutbu negatiftir.

Şekil 3.13 termal elektromotor kuvveti yöntemiyle yarıiletkenin yük taşıyıcılarının tipini bulmak için kullanılan devreleri göstermektedir. Bu yöntemde iki prob kullanılır. Probun biri (T_1) ısıtılmakta (yaklaşık 200–300°C ye kadar) ikinci probun sıcaklığı (T_2) oda sıcaklığında tutulmaktadır. n-tipi yarıiletkende elektronlar daha sıcak (T_1) probu civarından, oda sıcaklığında (T_2) tutulan probun yönünde hareketlenmektedirler. Neticede, daha sıcak probun civarındaki yarıiletken bölgesinin elektrik kutbu pozitiftir ve bu işaret devredeki voltmetre ile kaydedilmektedir (Şekil 3.13a). p-tipi yarıiletkende ise tersine, daha sıcak probun elektrik kutbu negatif olmaktadır (Şekil 3.13b).

Deneysel ölçümlerde, yarıiletken örneklerin iletkenlik tipini bulmak için, öncelikle belirli tipe sahip yarıiletkenin TEMK ölçümü ile devredeki voltmetrenin kalibrasyonu yapılır ve daha sonra incelenen örneğin tipi belirlenir.

TEMK yöntemiyle düşük özdirençli katkılı yarıiletkenlerin tipini belirlemek daha uygundur. Asal yarıiletkenlerin iletkenlik tipi daha yüksek mobilitesi olan yük taşıyıcılarının (elektronların) mobilitesi ile belirlenmektedir.

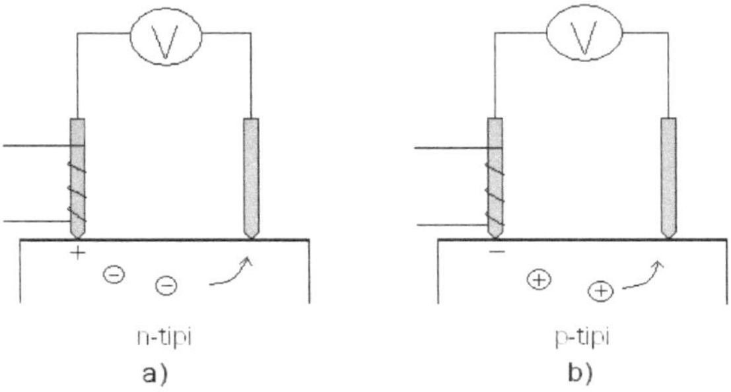

Şekil 3.13. Termal EMK yöntemiyle (a) n-tipi ve (b) p-tipi yarıiletkenin iletkenlik tipini ölçme devresi.

4. ARAŞTIRMA BULGULARI

4.1. Deney Sistemleri ve Ölçülerin Alınması

Büyütülen CdSe, ZnSe ve $Cd_xZn_{1-x}Se$ ince film örnekleri üzerinde yapılan SEM(Taramalı Elektron Mikroskopu), optik soğurma, elektriksel, fotolüminesans, x-ışını kırınımı ölçümleri yapılmış ve elde edilen veriler bu bölümde sunulmuştur.

4.2. CdSe, ZnSe ve $Cd_xZn_{1-x}Se$ İnce Filmlerin Yüzey Görüntüleri

Son yıllarda, malzeme inceleme tekniklerinden en çok kullanılanlardan birisi SEM (taramalı elektron mikroskobu) tekniğidir. SEM tekniğinde, numune kesit yerine bütünü ile incelenir. Böylece özellikle yüzeysel yapıların üç boyutta analiz edilmesi sağlanmış olur.

Taramalı Elektron Mikroskobunda (SEM) görüntü, yüksek voltaj ile hızlandırılmış elektronların numune üzerine odaklanması, bu elektron demetinin numune yüzeyinde taratılması sırasında elektron ve numune atomları arasında oluşan çeşitli girişimler sonucunda meydana gelen etkilerin uygun algılayıclarda toplanması ve sinyal güçlendiricilerinden geçirildikten sonra bir katot ışınları tüpünün ekranına aktarılmasıyla elde edilir.

Bu olgu elektron demetinin kristal(veya kristal olmayan) madde ile etkileşiminin fiziğini temel almaktadır. Çeşitli analiz yöntemleri de aynı ilkeyi temel almaktadır. Kullanılan enerjinin kaynağı, ampül ışığınınkinden çok daha fazla miktarda üretilen elektron demetleridir. İnce bir rezistans teli elektrik akımına bağlanmıştır. Bu rezistans madde elektrik enerjisini diğer tür enerjiye (ışık enerjisi) dönüştürmektedir. Sapan elektronlar elektromagnetler ile demetler biçiminde incelenecek materyale doğru yönlendirilirler. Elektron mikroskoplarda ayırım/çözünürlük gücü Taramalı Elektron Mikroskopta (SEM) 25 A^0, Geçirimli Elektron Mikroskopta (TEM) 1-1.9 A^0 iken, optik mikroskoplarda 2000 A^0 düzeyindedir. Diğer taraftan SEM yöntemindeki odaklama derinliği optik mikroskoplara göre 300-600, alan derinliği ise 30 kat daha iyidir.

SILAR tekniği kullanılarak oda sıcaklığında büyütülen CdSe, ZnSe ve $Cd_xZn_{1-x}Se$ ince filmlerinin yüzey görüntüleri SEM tekniği ile elde edilmiştir. Görüntüleme işlemine geçilmeden önce numune yüzeyi, elektron demeti ile numune arasındaki iletimi sağlamak için altın (Au) ve palladyum (Pd) alaşımı ile kaplanmıştır. Şekil 4.1-10'da 20 kVolt'da, 5 000 ve 10 000 büyütme oranında elde edilen SEM görüntüler yer almaktadır.

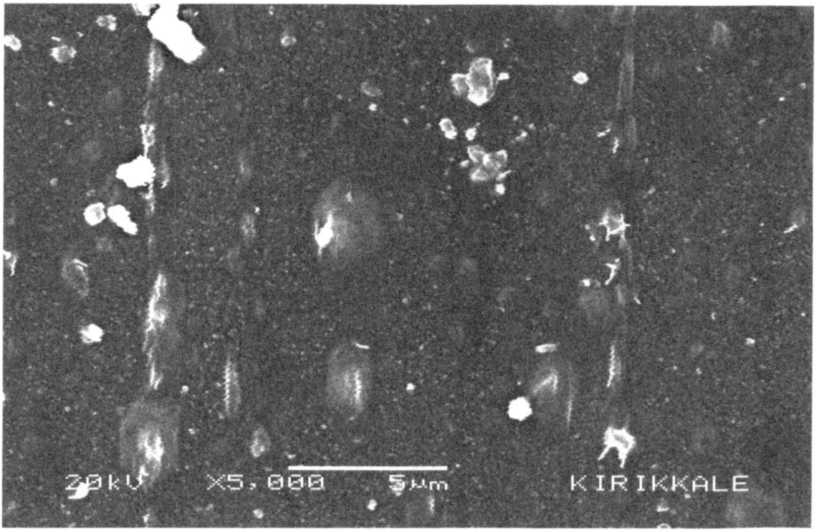

Şekil 4.1 812nm kalınlığındaki CdSe ince filminin 5 000 büyütmedeki SEM görüntüsü

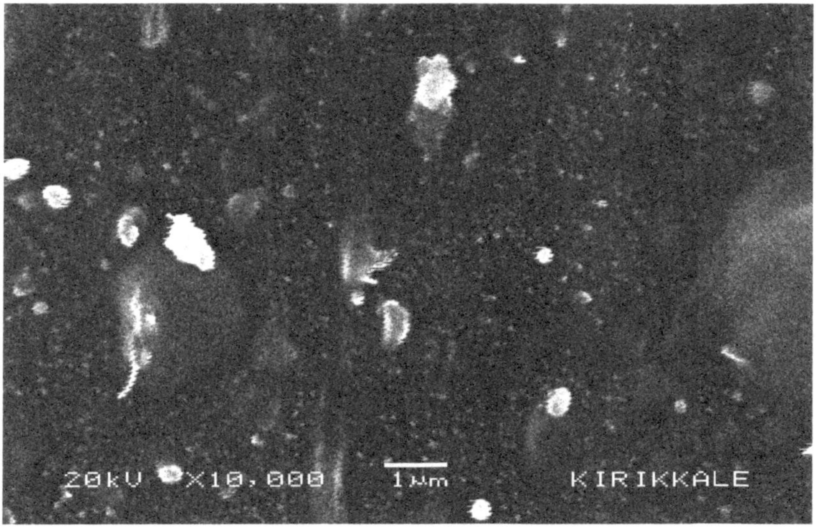

Şekil 4.2. 812nm kalınlığındaki CdSe ince filminin 10 000 büyütmedeki SEM görüntüsü

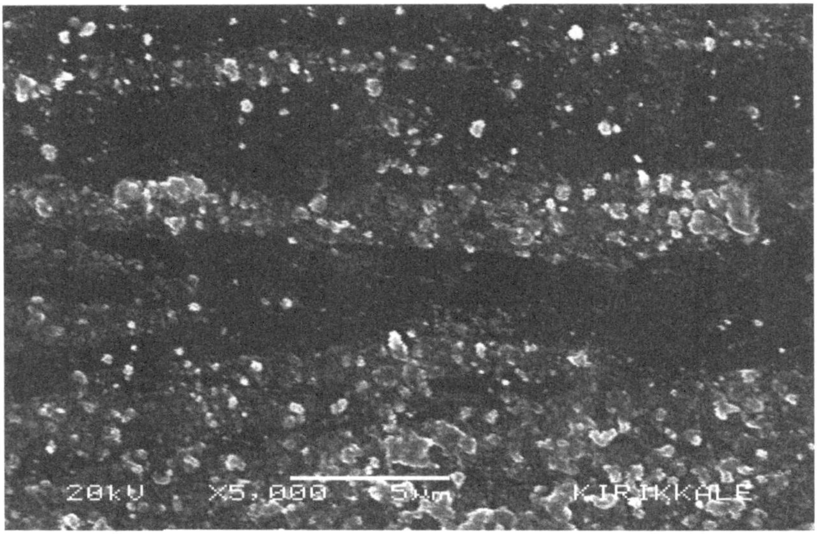

Şekil 4.3. 750nm kalınlığındaki $Cd_{07}Zn_{03}Se$ ince filminin 5 000 büyütmedeki SEM görüntüsü

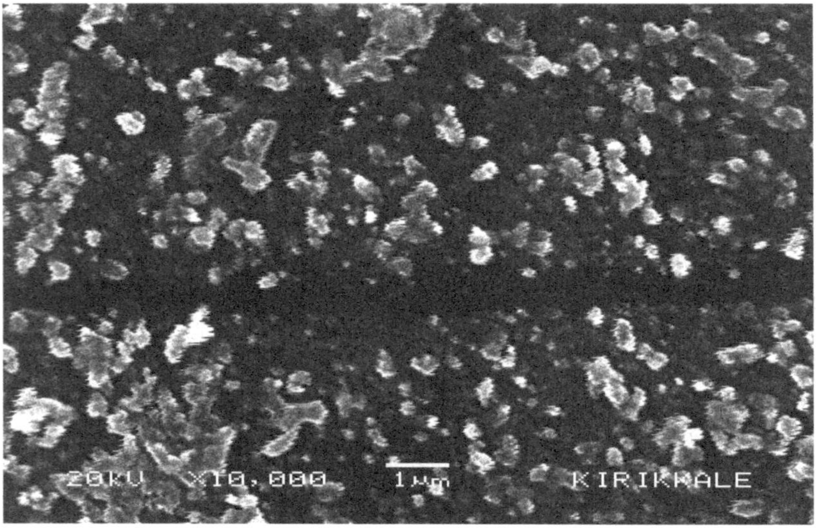

Şekil 4.4. 750nm kalınlığındaki $Cd_{07}Zn_{03}Se$ ince filminin 10 000 büyütmedeki SEM görüntüsü

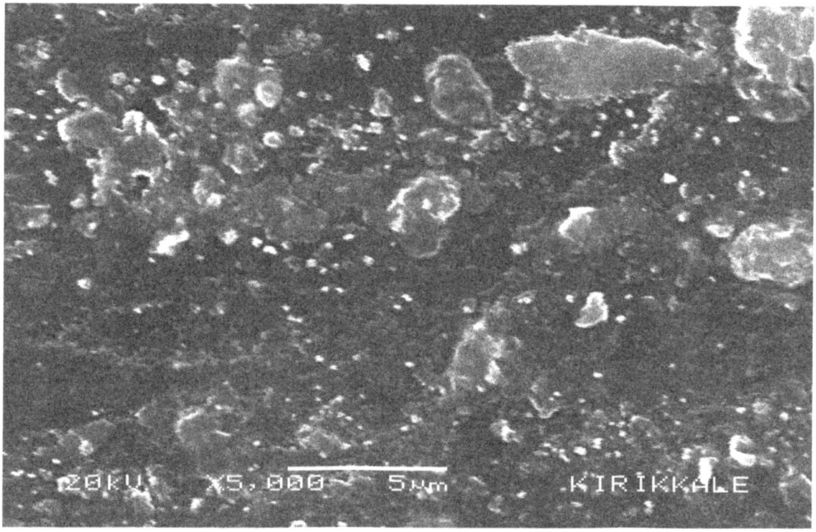

Şekil 4.5. 650nm kalınlığındaki $Cd_{05}Zn_{05}Se$ ince filminin 5 000 büyütmedeki SEM görüntüsü

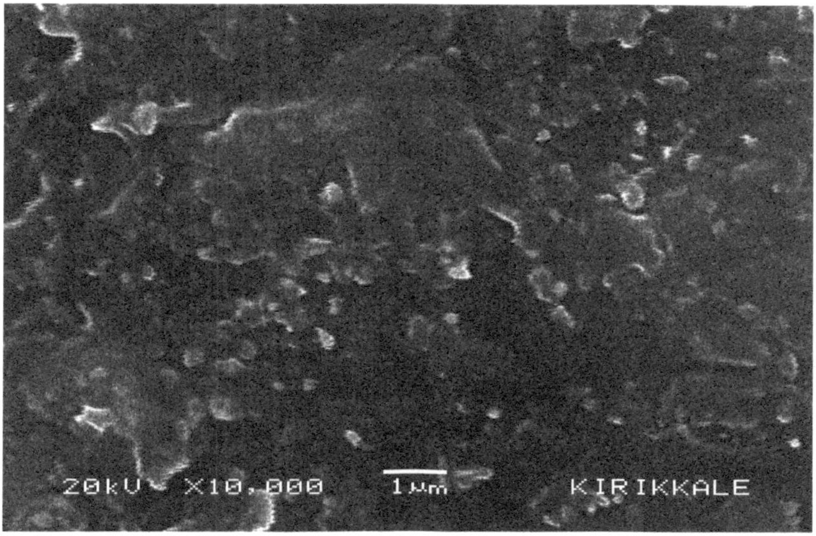

Şekil 4.6. 650nm kalınlığındaki $Cd_{05}Zn_{05}Se$ ince filminin 10 000 büyütmedeki SEM görüntüsü

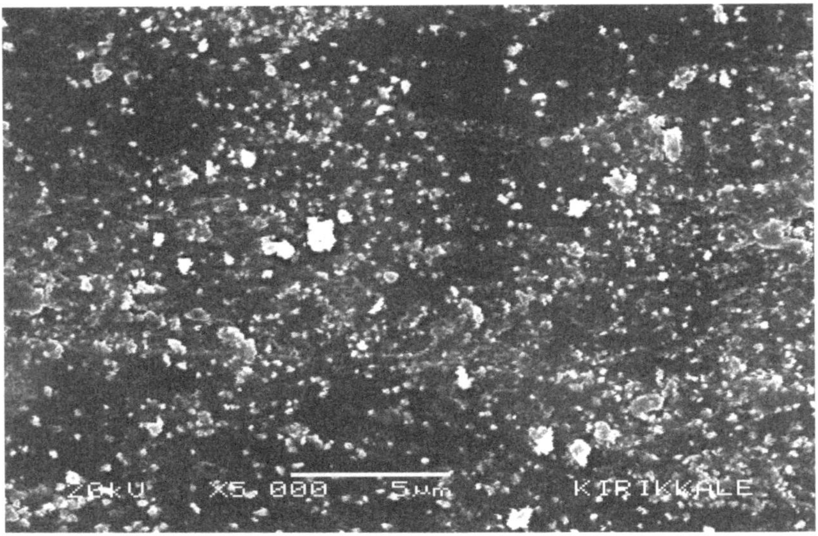

Şekil 4.7. 700nm kalınlığındaki $Cd_{03}Zn_{07}Se$ ince filminin 5 000 büyütmedeki SEM görüntüsü

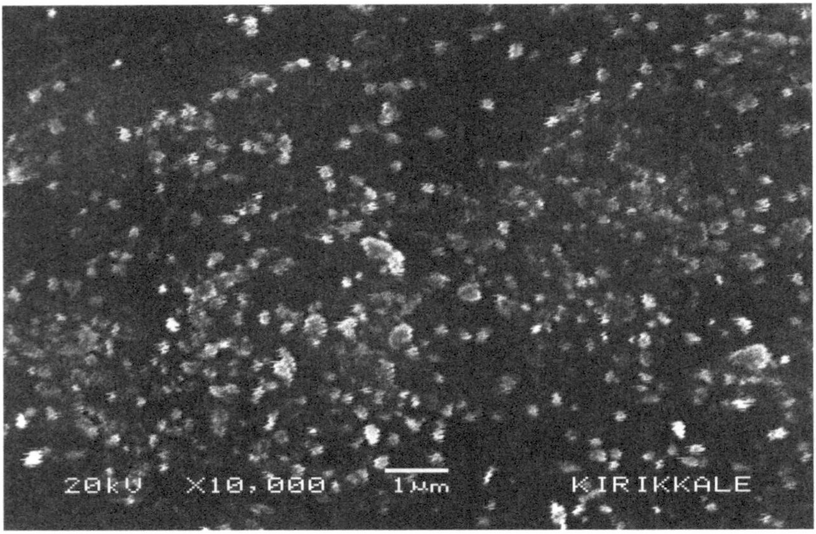

Şekil 4.8. 700nm kalınlığındaki $Cd_{03}Zn_{07}Se$ ince filminin 10 000 büyütmedeki SEM görüntüsü

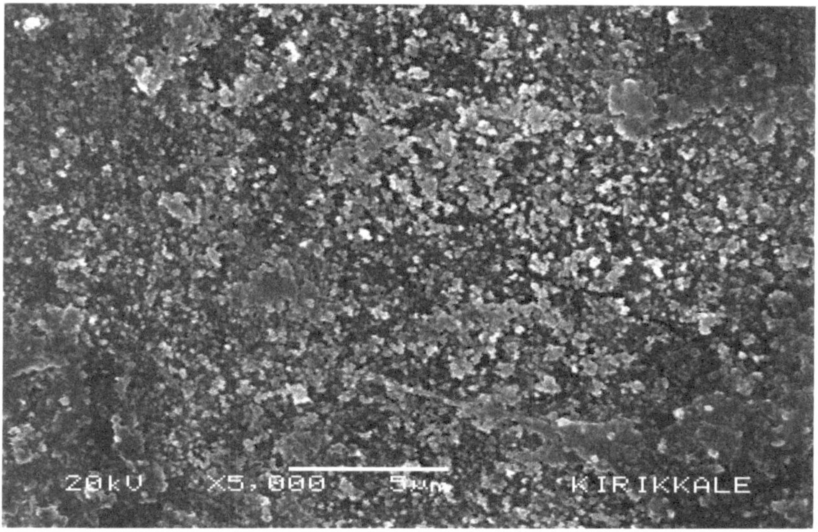

Şekil 4.9. 1,3μm kalınlığındaki ZnSe ince filminin 5 000 büyütmedeki SEM görüntüsü

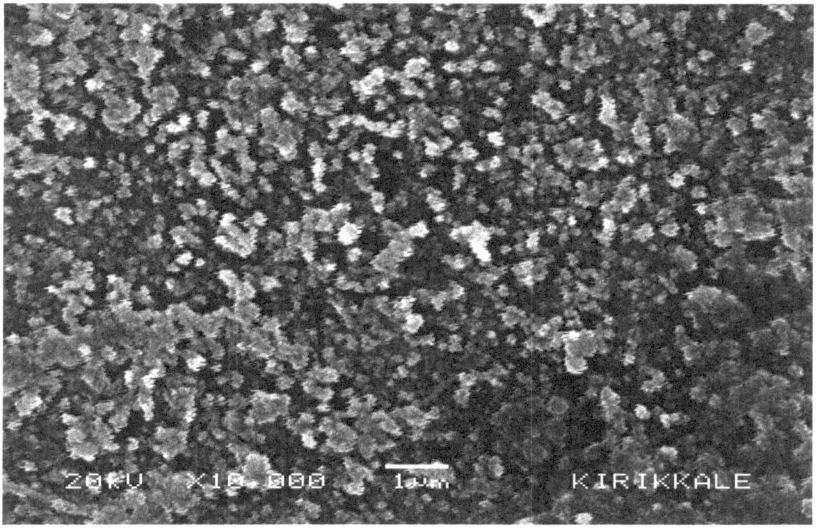

Şekil 4.10. 1,3μm kalınlığındaki ZnSe ince filminin 10 000 büyütmedeki SEM görüntüsü

4.3. CdSe, ZnSe ve $Cd_xZn_{1-x}Se$ Yarıiletken İnce Filmlerin Soğurma Ölçümleri

Soğurma ölçümleri için kullanılan sistemin blok diyagramı Şekil 4.11'de verilmiştir. Soğurma ölçümlerinde, numune ile kryostat arasında ısı iletimi sağlamak için ısı iletim yağı kullanarak, hazırlanan filmler, kapalı devre helyum kryostatın içinde bulunan numune tutucusuna sabitleştirildi. Kapalı devre kryostat, otomatik sistem vasıtasıyla çalışma aralığı dalga boyu cinsinden 190–1100nm olan Perkin Emler UV/VIS Lambda 2S spektrometrenin optik penceresinin tam karşısına gelecek şekilde yerleştirildi. Ölçümlerde numune sıcaklığı 10K'e düşürüldü ve sistem kararlı duruma gelinceye kadar beklendi. Numunelerin yasak enerji aralıkları dikkate alınarak, spektrumun dalga boyu verileri programa set edilerek 10 K'den 320 K'e kadar 10 K aralıklarla sıcaklık artırılarak soğurma ölçümleri alındı. Her sıcaklıkta yaklaşık 5 dakika kararlı duruma gelmesi için beklendi. Soğurma ölçümleri yardımıyla soğurma katsayısı ve yasak enerji aralığının sıcaklıkla değişimi incelendi.

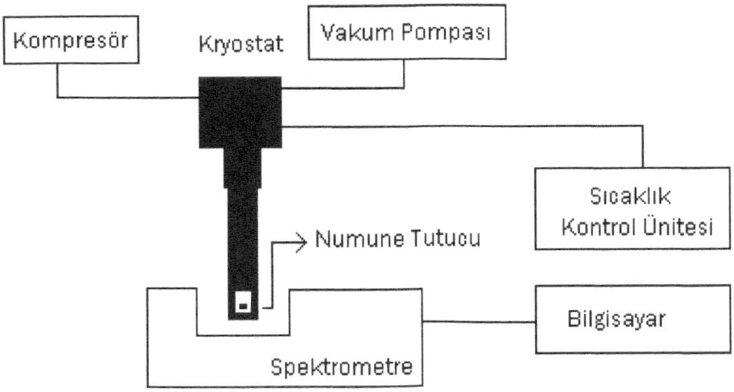

Şekil 4.11. Soğurma ölçümlerinin yapıldığı sistemin blok diyagramı

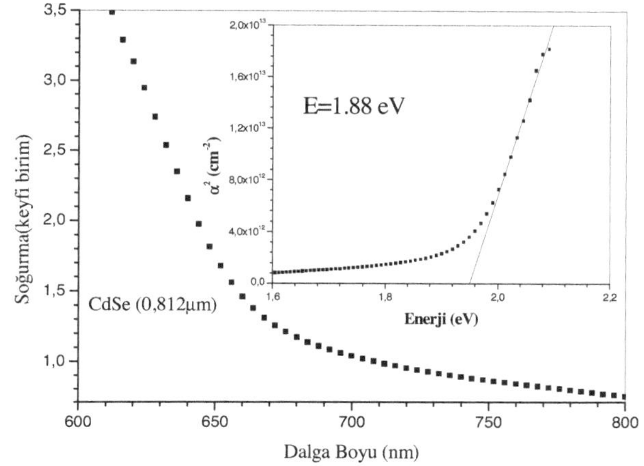

Şekil 4.12. CdSe ince filminin oda sıcaklığındaki soğurma spektrumu ve $\alpha^2(cm^{-2})$'nin enerjiye bağlı değişimi

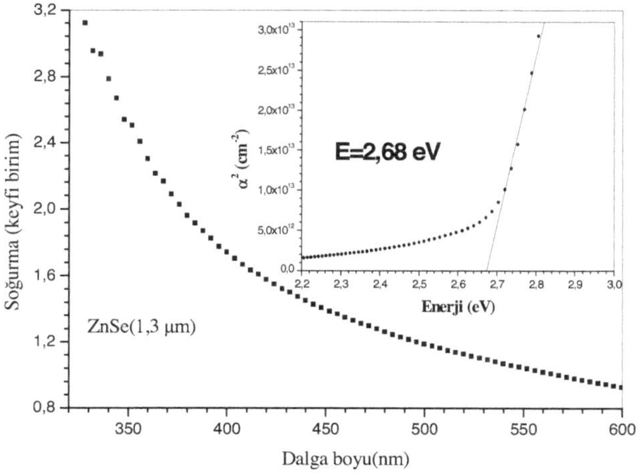

Şekil 4.13. ZnSe ince filminin oda sıcaklığındaki soğurma spektrumu ve $\alpha^2(cm^{-2})$'nin enerjiye bağlı değişimi

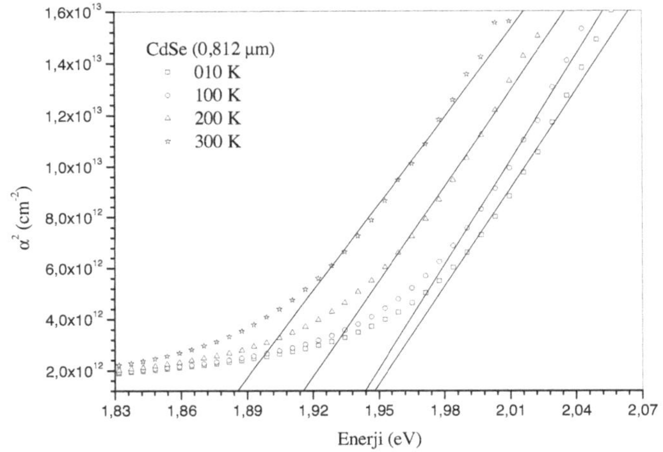

Şekil 4.14. CdSe ince filminde farklı sıcaklıklarda $\alpha^2(cm^{-2})$'nin enerjiye bağlı değişimi

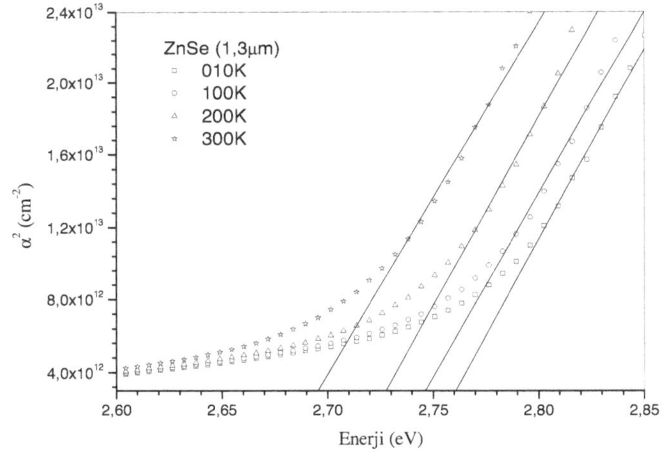

Şekil 4.15. ZnSe ince filminde farklı sıcaklıklarda $\alpha^2(cm^{-2})$'nin enerjiye bağlı değişimi

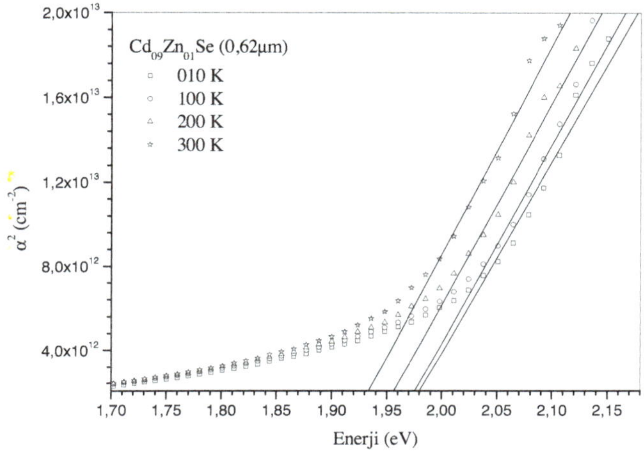

Şekil 4.16. $Cd_{09}Zn_{01}Se$ ince filminde farklı sıcaklıklarda $\alpha^2(cm^{-2})$'nin enerjiye bağlı değişimi

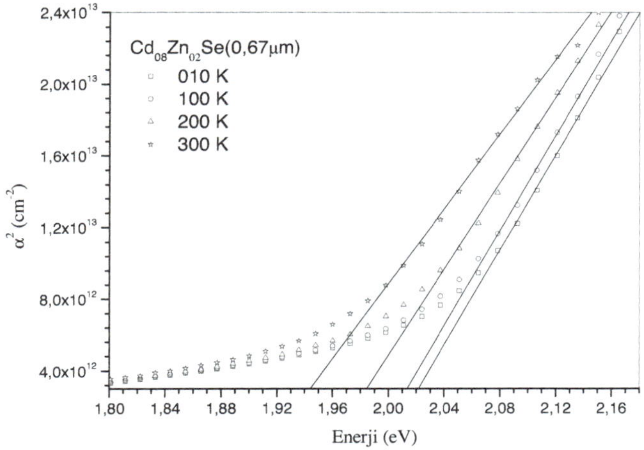

Şekil 4.17. $Cd_{08}Zn_{02}Se$ ince filminde farklı sıcaklıklarda $\alpha^2(cm^{-2})$'nin enerjiye bağlı değişimi

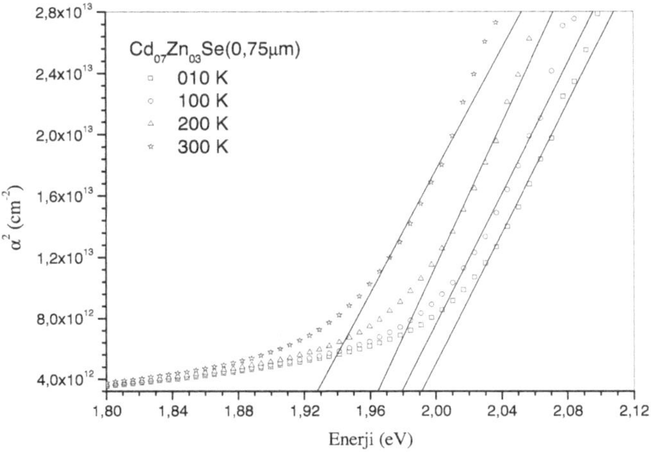

Şekil 4.18. $Cd_{07}Zn_{03}Se$ ince filminde farklı sıcaklıklarda $\alpha^2(cm^{-2})$'nin enerjiye bağlı değişimi

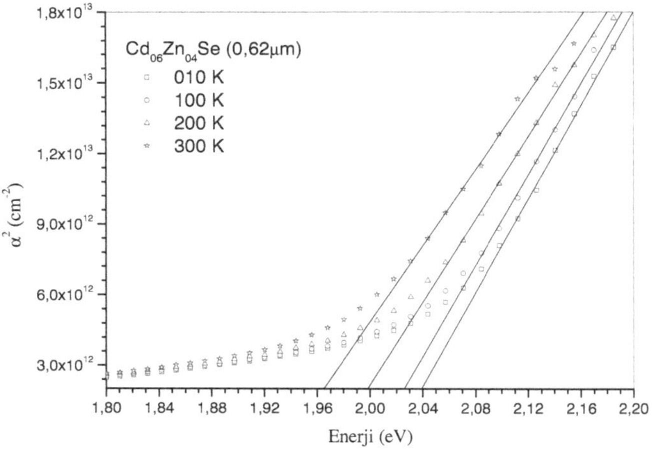

Şekil 4.19. $Cd_{06}Zn_{04}Se$ ince filminde farklı sıcaklıklarda $\alpha^2(cm^{-2})$'nin enerjiye bağlı değişimi

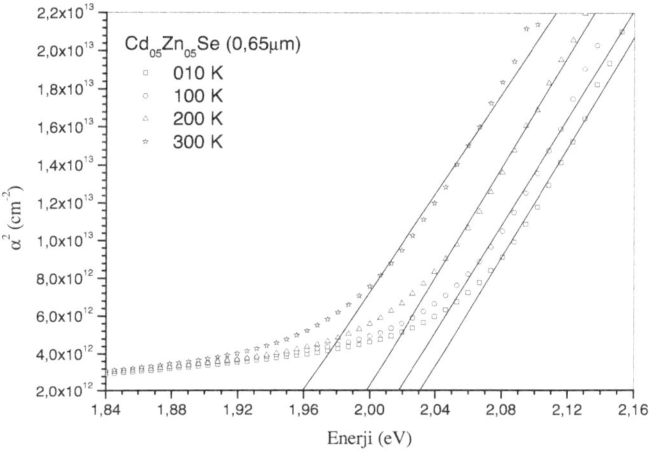

Şekil 4.20. $Cd_{05}Zn_{05}Se$ ince filminde farklı sıcaklıklarda $\alpha^2(cm^{-2})$'nin enerjiye bağlı değişimi

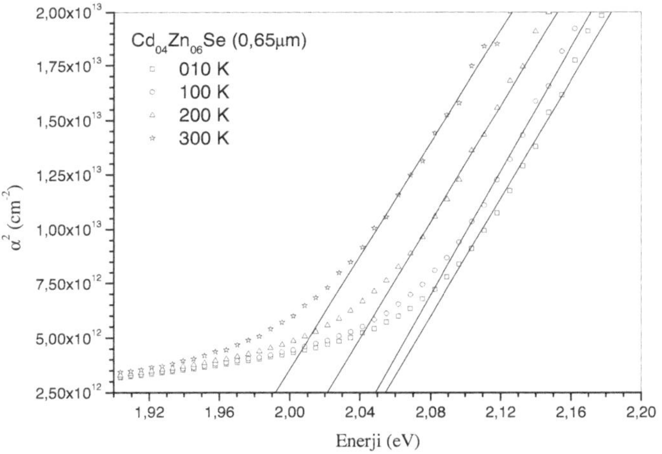

Şekil 4.21. $Cd_{04}Zn_{06}Se$ ince filminde farklı sıcaklıklarda $\alpha^2(cm^{-2})$'nin enerjiye bağlı değişimi

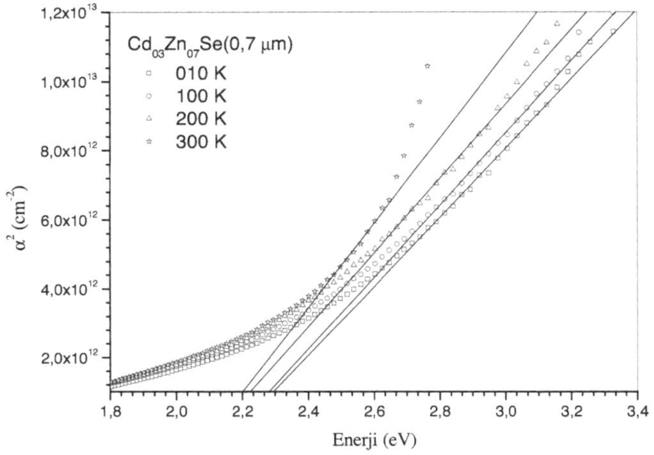

Şekil 4.22. $Cd_{03}Zn_{07}Se$ ince filminde farklı sıcaklıklarda $\alpha^2(cm^{-2})$'nin enerjiye bağlı değişimi

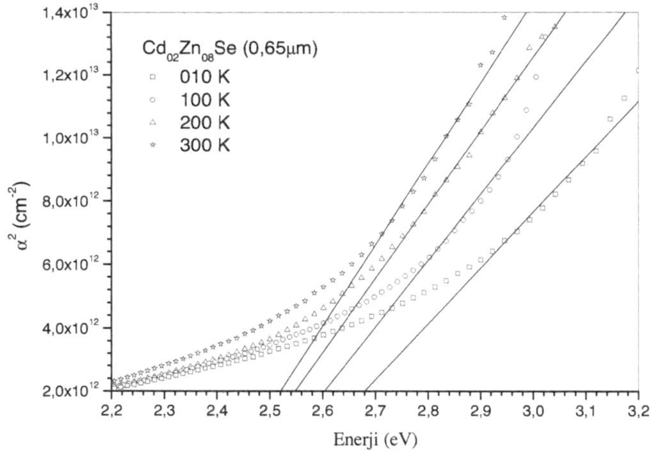

Şekil 4.23. $Cd_{02}Zn_{08}Se$ ince filminde farklı sıcaklıklarda $\alpha^2(cm^{-2})$'nin enerjiye bağlı değişimi

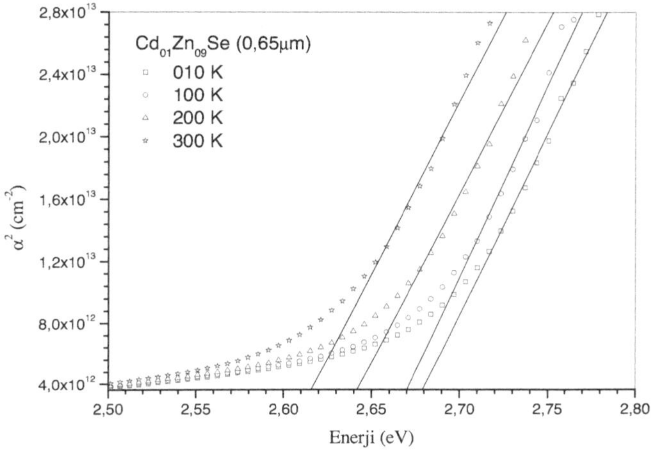

Şekil 4.24. $Cd_{01}Zn_{09}Se$ ince filminde farklı sıcaklıklarda $\alpha^2(cm^{-2})$'nin enerjiye bağlı değişimi

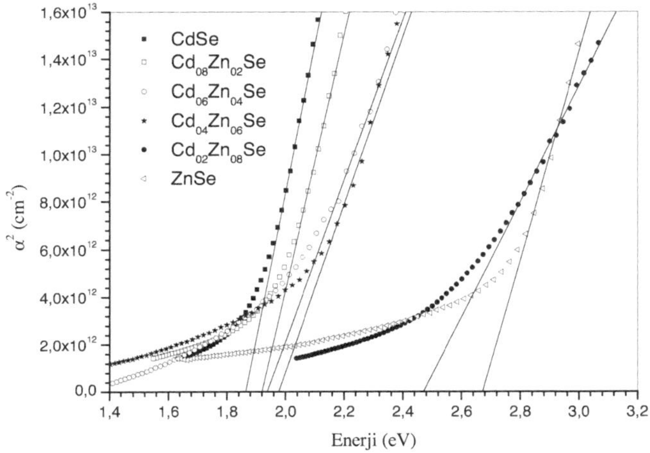

Şekil 4.25. CdSe, ZnSe ve farklı katkı oranlarında $Cd_xZn_{1-x}Se$ ince filmlerinde oda sıcaklığında $\alpha^2(cm^{-2})$'nin enerjiye bağlı değişimi

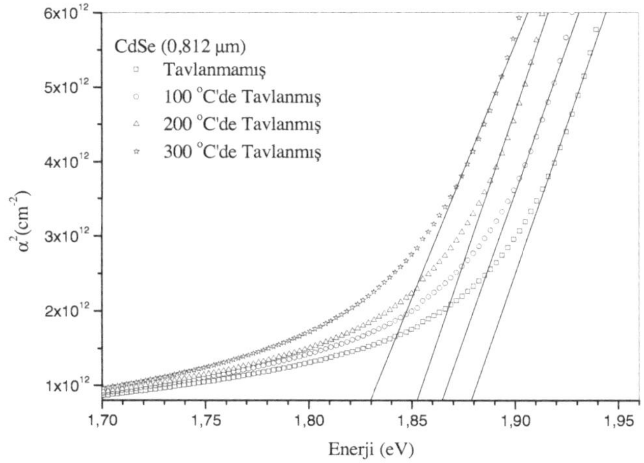

Şekil 4.26. CdSe ince filminde farklı tavlama sıcaklıklarda $\alpha^2(cm^{-2})$'nin enerjiye bağlı değişim

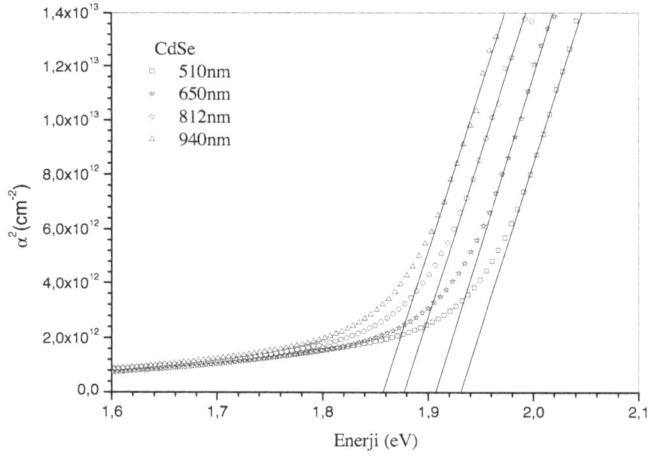

Şekil 4.27. Farklı kalınlıktaki CdSe ince filminde $\alpha^2(cm^{-2})$'nin enerjiye bağlı değişimi

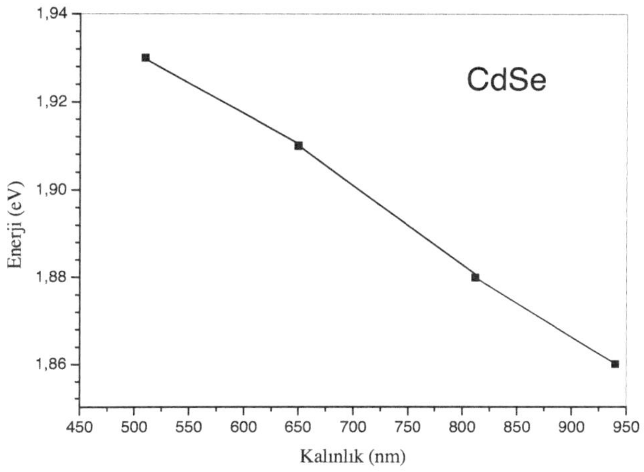

Şekil 4.28. Oda sıcaklığında CdSe ince filmlerin yasak enerji aralığının kalınlıkla değişimi

4.4. CdSe, ZnSe ve $Cd_xZn_{1-x}Se$ Yarıiletken İnce Filmlerin Fotolüminesans Ölçüleri

Fotolüminesans(PL) ölçümleri için Shimadzu RF-5301 PC Spektroflorofotometre cihazı kullanılmıştır. Kullanılan sistemin blok diyagramı Şekil 4.29'da verilmiştir. Laser kaynağından gelen fotonlar ayna yardımıyla mekanik ışık kesiciye yansıtılır. Gelen laser ışınının UV dalgaboyunu geçiren ince kenarlı bir mercekle odaklanması gerekmektedir. Işık kesiciden çıkan ışık, kesicinin dönme hızına bağlı olarak belli frekanslarda ve kare dalga modülasyonunda oluşarak yarıiletken numunenin bulunduğu vakumlu bir optik hazne olan kryostata gelir. Kryostatın içerisi meydana gelebilecek sıcaklık farklarını engellemek için vakum pompasıyla vakum ortamı sağlanır. Kryostat sistemi sıvı azotla beslenerek istenilen düşük sıcaklık elde edilir. Buharlaşmadan dolayı sürekli olarak sistemin azotla beslenmesi gerekmektedir.

Kryostat pencereleri UV bölgesindeki ışınların geçebileceği safir camı gibi nitelikli camlardan yapılır. Sistem, AD/DA çeviri kartı ve uygun güç kaynağı kullanılarak spektrometredeki kırınma ağının açısal hız kontrolünde bilgisayar kontrollü step motoru kullanılıp 220-900nm arasındaki spektrum aralığı bilgisayar ekranından gözlenecek şekilde tasarlanmıştır. Deneyin yapılışında karanlık ortam sağlanmış ve spektrometre ortam ışığından yalıtılmıştır. Spektrometreye optik filtreden süzülerek gelen fotolüminesans yayınımı spektrometre içindeki çukur ayna yardımıyla kırınma ağına yansıtılır. Kırınma ağında belli dalga boylarına ayrışan ışınlar ise ikinci çukur aynaya yansıtılır. Bu ışınlar foto çoğaltıcı tübe gelerek çoğaltılırlar. Foto çoğaltıcıda çoğaltılan ışıkla, kryostata gelmeden kesilen ve kare dalga modülasyonunda oluşan ışık PSD olarak bilinen faz dedektörüne gelir. Burada manuel olarak sistemin hassasiyeti ayarlanır ve veriler bilgisayarda değerlendirilir.

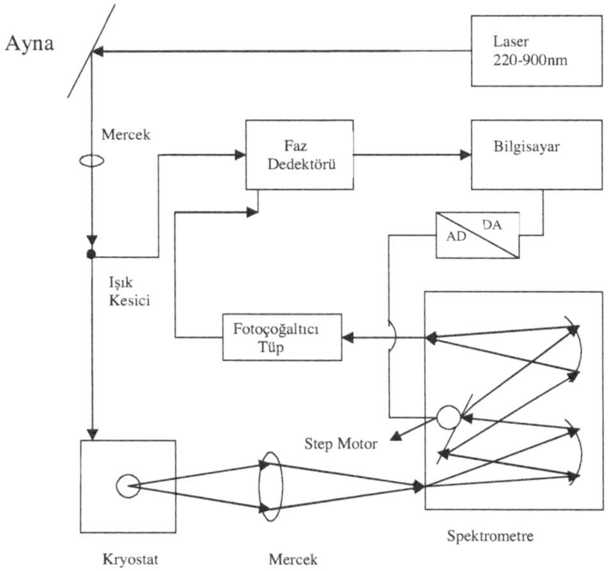

Şekil 4.29. Fotolüminesans deney düzeneği

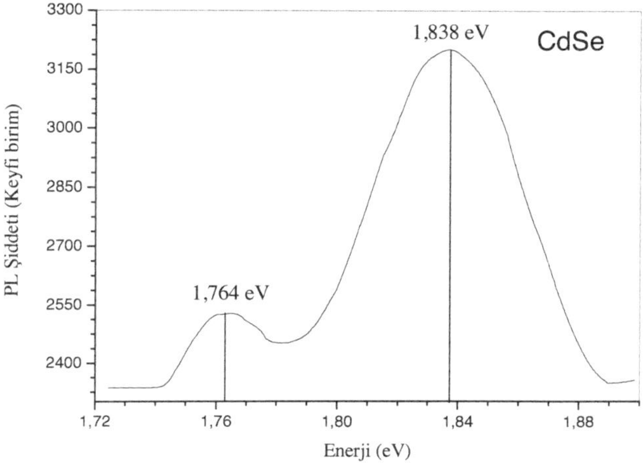

Şekil 4.30. CdSe filminin fotolüminesans spektrumu

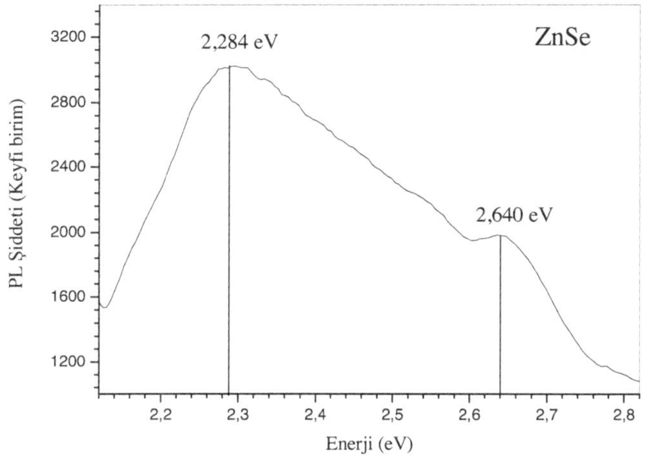

Şekil 4.31. ZnSe filminin fotolüminesans spektrumu

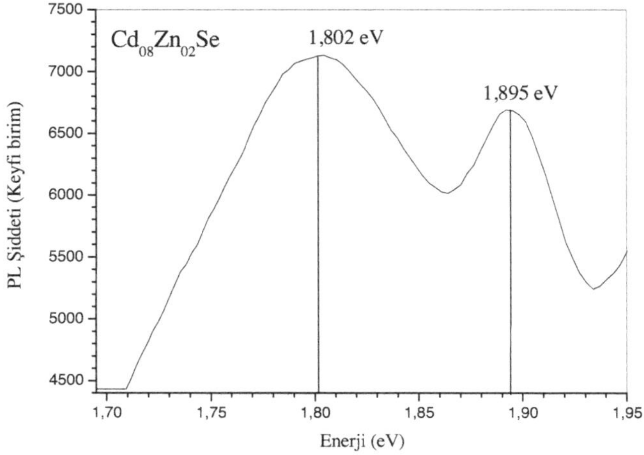

Şekil 4.32. $Cd_{08}Zn_{02}Se$ filminin fotolüminesans spektrumu

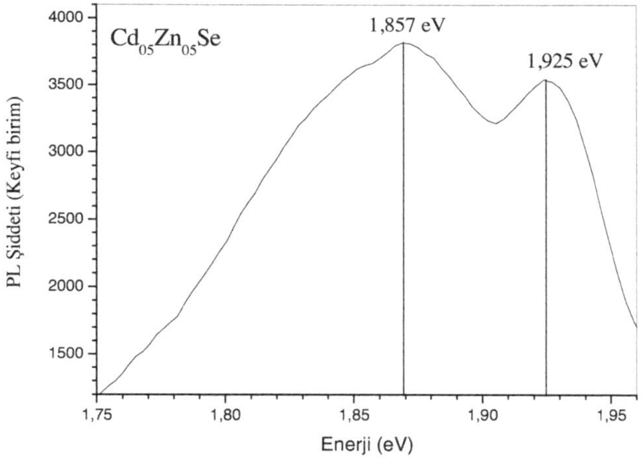

Şekil 4.33. $Cd_{05}Zn_{05}Se$ filminin fotolüminesans spektrumu

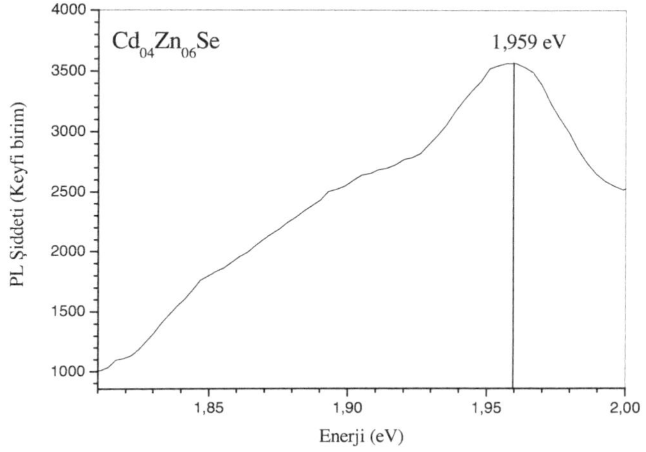

Şekil 4.34. $Cd_{04}Zn_{06}Se$ filminin fotolüminesans spektrumu

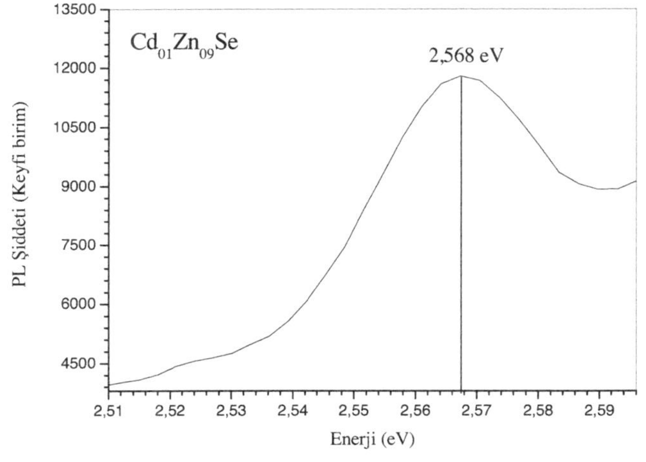

Şekil 4.35. $Cd_{01}Zn_{09}Se$ filminin fotolüminesans spektrumu

4.5. CdSe, ZnSe ve $Cd_xZn_{1-x}Se$ İnce Filmlerin Elektriksel Ölçümleri

Büyütülen CdSe, ZnSe ve $Cd_xZn_{1-x}Se$ ince filmlerin özdirencini ölçmek için iki nokta uç yöntemi kullanıldı. Büyütülen filmler ilk olarak, belli bölgelerindeki bakır kısımları, hidroklorik asit (HCl) ve hidrojen peroksit (H_2O_2) karışımı kullanılarak baskı devresi çıkarılan bakır pertenaks üzerine yapıştırıldı. Sonra numune ve pertenaks üzerine Şekil 4.36'da gösterildiği gibi kontaklar yapılarak kapalı devre soğutma sistemi içerisine yerleştirildi. Sistem 300K sıcaklığına getirildi ve 1 ve 2 numaralı kontaklardan numuneye 100V sabit gerilim uygulanarak numune üzerinden geçen akım ölçüldü. Akım ölçme işlemi 0,000001μA hassasiyetine sahip Keithley 487 pikoampermetre kullanılarak gerçekleştirildi. Aynı işlem, 500K sıcaklık değerine kadar, sıcaklığı 10K adımlarla arttırmak suretiyle tekrarlandı. Her bir sıcaklık değişiminde sistemin dengeye gelmesi için birkaç dakika beklendi. Elde edilen ölçümlerden faydalanılarak büyütülen ince filmlerin özdirencinin sıcaklığa bağlılığı incelendi.

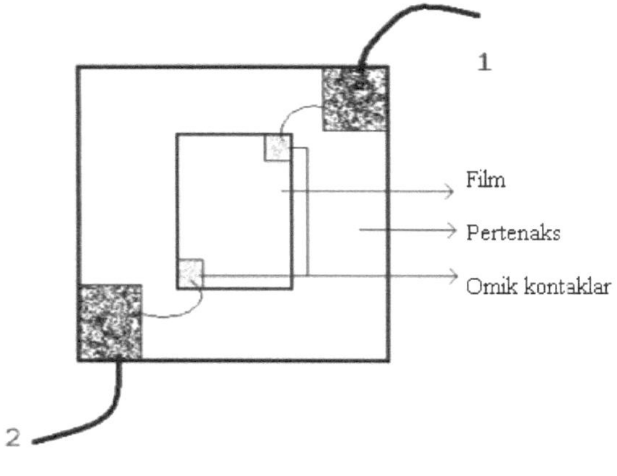

Şekil 4.36. İki problu yöntemle özdirenç ölçümü için kurulan düzenek

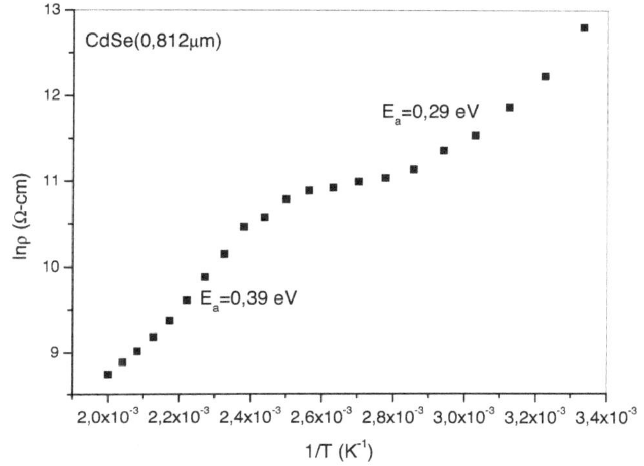

Şekil 4.37. CdSe ince filminin sıcaklığa bağlı olarak özdirenç değişimleri

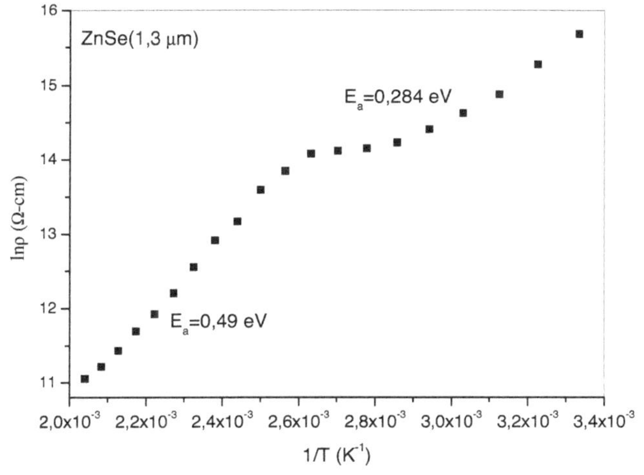

Şekil 4.38. ZnSe ince filminin sıcaklığa bağlı olarak özdirenç değişimleri

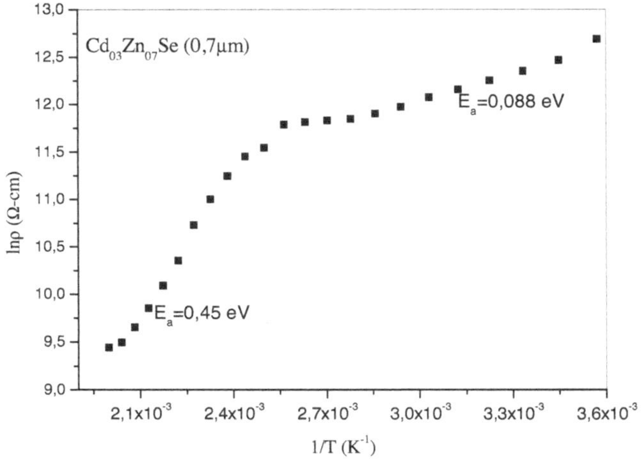

Şekil 4.39. $Cd_{03}Zn_{07}Se$ ince filminin sıcaklığa bağlı olarak özdirenç değişimleri

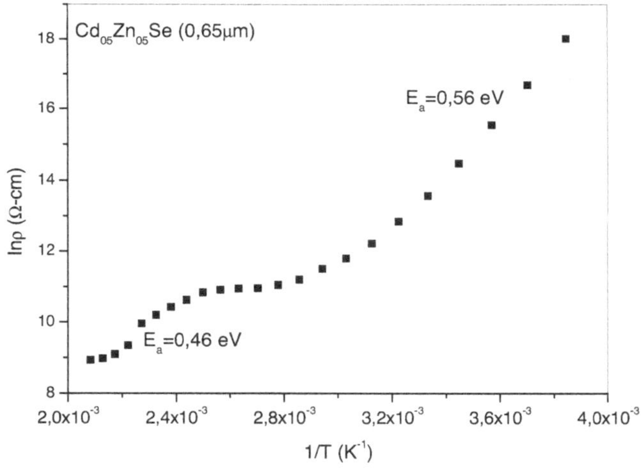

Şekil 4.40. $Cd_{05}Zn_{05}Se$ ince filminin sıcaklığa bağlı olarak özdirenç değişimleri

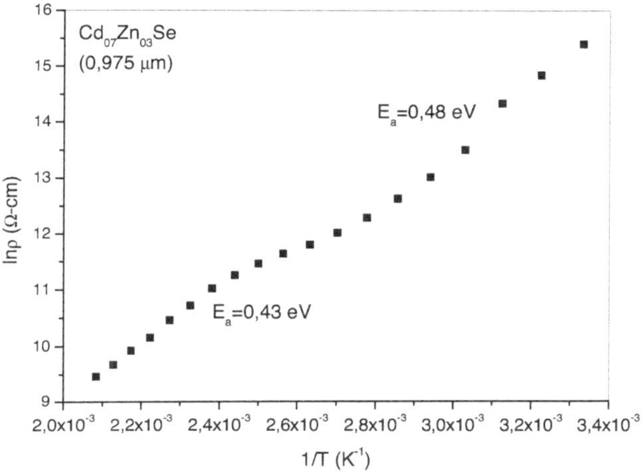

Şekil 4.41. $Cd_{07}Zn_{03}Se$ ince filminin sıcaklığa bağlı olarak özdirenç değişimleri

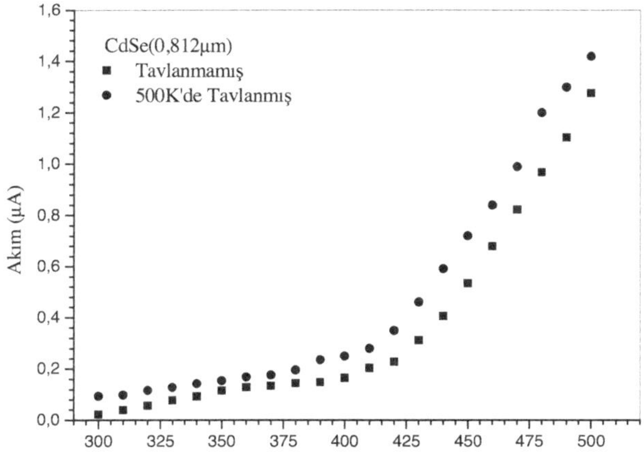

Şekil 4.42. CdSe ince filminin sıcaklığa bağlı akım değişimleri

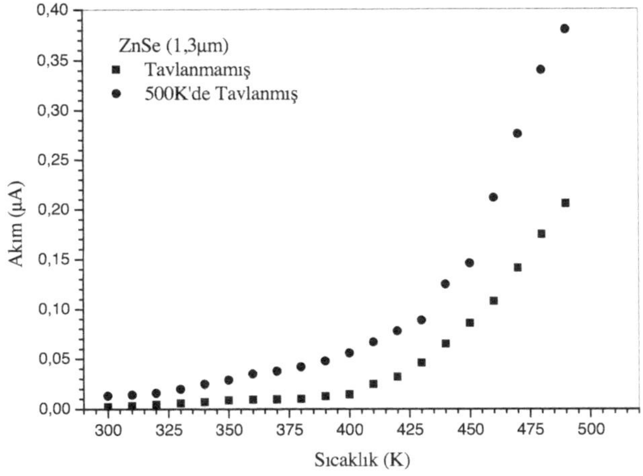

Şekil 4.43. ZnSe ince filminin sıcaklığa bağlı akım değişimleri

4.4. CdSe, ZnSe ve $Cd_xZn_{1-x}Se$ Yarıiletken İnce Filmlerin X-Işını Kırınımı

X-ışını kırınımı, katı ve toz örneklerin yapılarındaki çeşitli kristal formlar veya fazlar hakkında bilgi veren analitik bir tekniktir. CdSe, ZnSe ve $Cd_xZn_{1-x}Se$ ince filmlerinin x-ışını kırınım analizi Rigaku D/Max-IIIC difraktometresi ile yapıldı. Ölçümler esnasında difraktometredeki bakır hedefe 35 kV'luk gerilim ve 30 mA'lik akım uygulanarak elde edilen CuK_α x-ışınları kullanıldı. Ölçümler oda sıcaklığında, 20 ile 60 derece arasında 0,02 derece adımlarla ölçülmüştür. Farklı tur sayılarında büyütülmüş CdSe ince filmlerinin x-ışını kırınım analizleri Şekil 4.44'de gösterilmiştir.

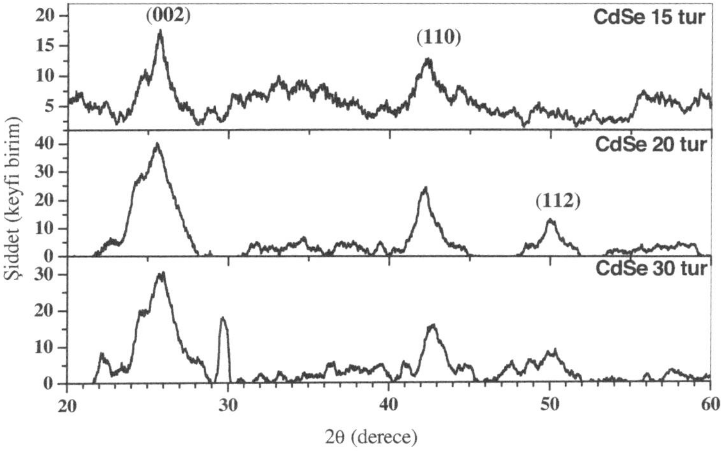

Şekil 4.44. Farklı turlarda büyütülen CdSe ince filmlerinin x-ışını kırınım verileri

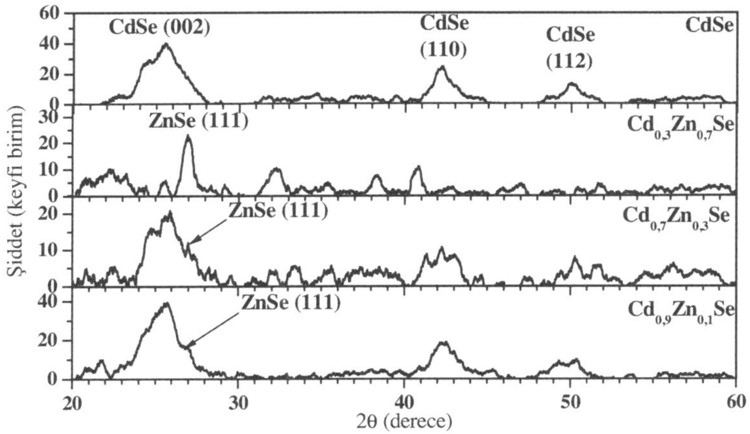

Şekil 4.45. $Cd_xZn_{1-x}Se$ ince filmlerinin x-ışını kırınım verileri

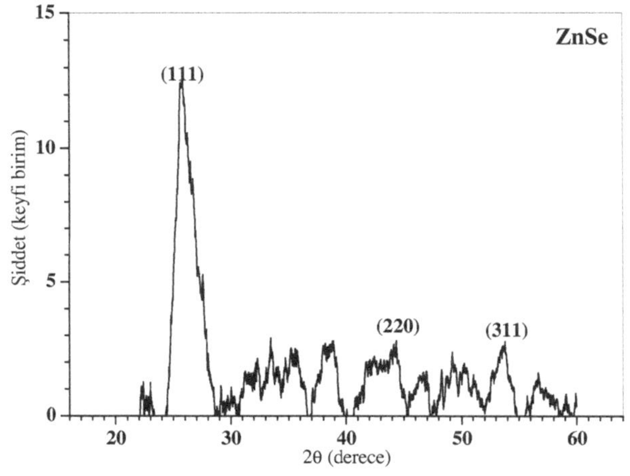

Şekil 4.46. ZnSe ince filminin x-ışını kırınım verileri

5. TARTIŞMA ve SONUÇ

Bu çalışmada teknolojide bir çok alanda kullanılabilen CdSe, ZnSe yarıiletken ince filmleri ile bunların karışımları olan $Cd_xZn_{1-x}Se$ yarıiletken ince filmleri, bir yüzeyi bant kaplanmış, yaklaşık boyutları 1cmx1cm olan cam taban malzemeler üzerine oda sıcaklığında SILAR tekniği ile Çizelge 3.1-3.'de verilen parametreler kullanılarak büyütülmüştür. CdSe ince filmi için, SILAR döngüsünü 20, 25, 30 ve 35 kez ayrı ayrı tekrarlayarak farklı kalınlıkta CdSe yarıiletken ince filmler elde edilmiştir. Çizelge 3.2'de film kalınlıkları SILAR döngüsüne bağlı olarak verilmiştir. SILAR döngüsünün artmasıyla buna paralel olarak film kalınlığının arttığı gözlenmiştir ve Valkonen *et al.* (1997), Kale *et al.* (2004), Pathtan *et al.* (2004) ve Laukaitis *et al.* (2000) tarafından bulunan sonuçlar ile uyuşmaktadır.

Çizelge 5.1. CdSe ince filmlerinin kalınlık değerleri

SILAR Döngü Sayısı	Kalınlık (nm)
20	510 ± 18
25	650 ± 22
30	812 ± 25
35	940 ± 23

Bunun dışında, SILAR döngü sayısı aynı olan fakat farklı karışım oranındaki $Cd_xZn_{1-x}Se$ yarıiletken filmlerinin kalınlık ölçümleri yapılmış ve kalınlığın, karışım oranına bağlı olarak belirgin bir şekilde değişmediği tespit edilmiştir.

Büyütülen CdSe, ZnSe ile bunların karışımları olan $Cd_xZn_{1-x}Se$ yarıiletken ince filmlerinin, yüzey morfolojisi SEM tekniği ile incelenmiştir. Bu filmlerin 5000 ve 10000 büyütme oranında SEM görüntüleri Şekil 4.1-10'da verilmiştir.

Şekil 4.1-2'de CdSe ince filminin 5 000 ve 10 000 kez büyütülmüş Taramalı Elektron Mikroskobu görüntüleri verilmiştir. Bu yüzey görüntülerinden yüzeyde boşlukların olduğu gözlenmektedir. Bu da yüzeyin homojen olmayan bir dağılıma sahip olduğunu göstermektedir. Ayrıca tanelerin birleşmesiyle yığınların oluştuğu da görülmektedir. Tane büyüklüklerinin yüzeyde dağılımı homojen olmamasından dolayı, ortalama nanometre mertebesinde bir büyüklüğe sahip olduğu söylenebilir. Şekil 4.3-4'de $Cd_{07}Zn_{03}Se$ ince filminde homojen dağılıma sahip olan bölgeler gözlenmektedir. Yüzeyin homojen ve filmin daha iyi oluşmasından dolayı, boşluk ve yığınların nispeten azaldığı görülmektedir. Tane büyüklerinin düzensiz yapılı ve ortalama olarak 0,4 μm olduğu söylenebilir. Şekil 4.7-8'de $Cd_{03}Zn_{07}Se$ ince filminde, $Cd_{07}Zn_{03}Se$ filmine göre tane büyüklüklerinin (0,25 μm) küçüldüğü gözlenmektedir. Taban malzeme üzerinde oluşan filmin daha homojen ve düzgün bir yapıya sahip olduğu görülmektedir. Şekil 4-9-10'da ZnSe filminin taban malzeme üzerinde oldukça homojen bir dağılıma sahip olduğu söylenebilir. Yüzey boşluklardan tamamen arınmış durumdadır. Tane büyüklüğü de ortalama 0,15 μm bulunmuştur.

Soğurma ölçümleri yardımıyla CdSe, ZnSe ile bunların karışımları olan $Cd_xZn_{1-x}Se$ ince filmlerinin, soğurma katsayısı ve yasak enerji aralığının sıcaklıkla değişimleri incelenmiştir. Soğurma ölçümlerinden, α^2-hν grafikleri çizilerek bu grafiklerin lineer kısmı için çizilen doğrunun enerji eksenini kestiği noktadan yararlanılarak her sıcaklıkta, filmlerin yasak enerji aralığı değerleri belirlenmiştir (Şekil 4.14-25). Bulunan yasak enerji aralığı değerleri değişik sıcaklıklar için çizelge 5.2'de verilmiştir. Bu değerlere bakıldığında artan sıcaklıkla birlikte CdSe ve ZnSe ince filmlerinin yasak enerji aralığı değerleri azalmaktadır. Artan sıcaklıkla örgü titreşimlerinin artması, dolayısıyla kristal örgüsünün genişlemesi, yasak enerji aralığında bir daralmaya sebep olmaktadır. Bulunan bu değerler CdSe ince filminde 1,885 eV'tan 1,948 eV'a, ZnSe ince filminde ise 2,695 eV'tan 2,760 eV'a kadar bir değişme göstermektedir. Bu değerler CdSe için, Pahtan *et al.* (2002) 1,7-2,0 eV, Pejova *et al.* (2003) 1,85-1,9 eV, Padiyan *et al.* (2002) 1,6-1,98 eV, Kale *et al.* (2004) 1,7-2 eV değerleri ile uyuşmaktadır. ZnSe ince filmi için, Venkata Subbaiah *et al.* (2005) 2,57-2,61 eV, Kale and Lokhande (2004) 1,8eV, Murali *et al.* (2005) 2,7 eV, Venkatachalam *et al.* (2005) 2,6-2,72 eV değerleri ile uyuşmaktadır.

Çizelge 5.2. CdSe ve ZnSe ince filmlerinin sıcaklık ile yasak enerji aralığının değişimi

Numune Sıcaklığı(K)	**Yasak Enerji Aralığı (eV)**	
	CdSe	**ZnSe**
010	1,948	2,760
100	1,944	2,748
200	1,914	2,728
300	1,885	2,695

Farklı kalınlıkta CdSe yarıiletken ince filmlerinin oda sıcaklığındaki (300K) soğurma spektrumu ve α^2'nin enerjiye bağlı değişimi incelenmiş (Şekil 4.27), bu grafikten, artan film kalınlığına bağlı olarak, filmlerin yasak enerji aralığının daraldığı gözlemlenmiştir. Bulunan yasak enerji aralığı değerleri Çizelge 5.3'de verilmiştir. Bu azalmanın sebebi, şöyle açıklanabilir. Büyüme işlemi boyunca filmlerde bir takım yapısal kusurlar oluşabilir ve oluşan bu yapısal kusurlar, yasak bölgede iletkenlik bandı kenarında izinli durumların (allowed states) oluşmasına neden olabilir. Kalınlığın artması bu izinli durumlar ile iletkenlik bandı arasındaki meydana gelen etkileşme sonucunda yasak enerji aralığı değerinin azalmasına neden olabilir.

Çizelge 5.3. CdSe yarıiletken ince filmlerinin yasak enerji aralığının oda sıcaklığında kalınlıkla değişimi

Kalınlık	**Yasak Enerji Aralığı (eV)**
510nm	1,93
650nm	1,91
812nm	1,88
940nm	1,86

Farklı katkılama oranlarında $Cd_xZn_{1-x}Se$ yarıiletken ince filmlerinin, yasak enerji aralığının farklı sıcaklıklardaki değişimleri incelenmiş (Şekil 4.16-25), bu grafiklerden, artan Zn katkısıyla yasak enerji aralığının genişlediği görülmüştür (Chao *et al.* 1999). Bulunan sonuçlar Çizelge 5.4'de verilmiştir.

Çizelge 5.4. $Cd_xZn_{1-x}Se$ yarıiletken ince filmlerinin oda sıcaklığındaki yasak enerji aralıkları

Film	**Yasak Enerji Aralığı (eV)**
CdSe	1,88
$Cd_{09}Zn_{01}Se$	1,91
$Cd_{08}Zn_{02}Se$	1,92
$Cd_{07}Zn_{03}Se$	1,93
$Cd_{06}Zn_{04}Se$	1,94

$Cd_{05}Zn_{05}Se$	1,96
$Cd_{04}Zn_{06}Se$	1,97
$Cd_{03}Zn_{07}Se$	2,20
$Cd_{02}Zn_{08}Se$	2,48
$Cd_{01}Zn_{09}Se$	2,60
ZnSe	2,68

Oda sıcaklığında, 0,812 μm kalınlıktaki CdSe yarıiletken ince filminin tavlanmamış ve 100, 200 ve 300 ^{0}C'de tavlanmış halinin α^2'nin enerjiye bağlı değişimi incelenmiş (Şekil 4.26), bu grafikten, tavlama sıcaklığı arttıkça, filmlerin yasak enerji aralığının daraldığı görülmüştür. Tavlama sıcaklığı arttığında, CdSe filminin kristal boyutunun artması sonucu band genişliği azalır. Bu yüzden, tavlanan filmler optik spektrumda kırmızı bölgeye doğru kayarlar (Kale and Lokhande 2004a).

Şekil 4.30 CdSe yarıiletken ince filminin oda sıcaklığında alınan PL (fotolüminesans) spektrumunu göstermektedir. 1,838 eV ta bulunan pik CdSe filminin yasak enerji aralığına karşılık gelmektedir. 1,764 eV ta yerleşmiş olan pikse CdSe ince filminin donor-akseptör çifti rekombinasyonuna atıf edilmektedir ve pikin yayvan yapıya sahip olması, donor-akseptör çifti rekombinasyonu olduğunun kanıtı Ramaiah *et al.* (2001) tarafından desteklenmektedir.

Şekil 4.31'de ZnSe ince filminin PL spektrumunda 2,640 eV'ta gözlenen emisyon yarı pik genişliği (~130meV) dar olmasından dolayı eksitonik emisyona karşılık gelmektedir. Bir çok II-VI malzemede, kirlilik konsantrasyonu arttıkça yayvan bir emisyon piki, eksitonik emisyon piki ile kıyaslanabilir. Bu emisyon piki kendiliğinden aktif olmuş bant (self-activated band) olarak adlandırılır ve donor-akseptör çifti geçişine atfedilir Martinez-Canton *et al.* (2005). Bu anlamda ZnSe yarıiletken ince filminde 2,284 eV enerjide oldukça yayvan bir karakteristikte gözlenen pikin donor-derin bir akseptör arasındaki geçişten kaynaklandığı söylenebilir.

CdSe yarıiletken ince filmine Zn katkılandığında oluşan $Cd_xZn_{1-x}Se$ yarıiletken ince film sisteminin PL spektrumunda genel olarak iki geçiş gözlenmektedir. Bu geçişlerde daha düşük enerji bölgesinde olan pikin Zn katkısından kaynaklandığı ve bir donor-akseptör geçişine karşılık geldiği düşünülmektedir. CdSe ince filminde 1,764 eV enerjide gözlenen ve donor-akseptör çifti rekombinasyonu geçişinin, Zn katkısından kaynaklanan geçişle birleşerek yayvan bir pik oluşturmuştur. Zn miktarı artıkça bu pikin merkezi 1,764 eV enerjiden $Cd_{05}Zn_{05}Se$ filminde 1,857 eV'a kadar artmıştır. Tüm $Cd_xZn_{1-x}Se$ yarıiletken filmlerinde yüksek enerji bölgesinde gözlenen (1,97 eV) pikin daha dar bir yapıya sahip olmasından dolayı eksitonik bir geçişten kaynaklandığını öne sürmekteyiz.

Şekil 4.37-41'de sırasıyla CdSe, ZnSe ve bunların karışımları olan $Cd_xZn_{1-x}Se$ yarıiletken filmlerinin sıcaklığa bağlı olarak özdirenç değişimleri gösterilmiştir. Her bir grafik için yüksek ve düşük sıcaklık bölgelerinde aktivasyon enerjileri hesaplanmış, genel olarak yüksek sıcaklık bölgesindeki aktivasyon enerjisinin düşük sıcaklık bölgesine göre daha büyük değerler aldığı belirlenmiştir. Elde edilen aktivasyon enerjisi değerleri Çizelge 5.5'de verilmiştir. Grafiklerden, yarıiletken karaktere uygun olarak, özdirencin artan sıcaklıkla beraber azaldığı görülmüştür. Ayrıca özdirencin sıcaklıkla değişimi lineer değildir. Bu durum iki farklı nedene dayandırılabilir. SEM fotoğraflarından da görüleceği gibi filmlerin sürekli olmayan kümelerden meydana gelmiş olması bu lineer olmayan davranışın nedenlerinden bir tanesidir (Pathan *et al.* 2005). Bunun dışında grafiklerde mevcut olan plato bölgesinin akseptör tipi tuzakların iyonlaşmasından kaynaklandığı düşünülebilir. Artan sıcaklığın etkisiyle ilk olarak iyonlaşan donor tipi tuzaklar iletkenlik bandındaki elektron sayısının ve dolayısıyla iletkenliğin atmasına neden olur (düşük sıcaklık bölgesi). Sıcaklık daha da arttırıldığında iyonlaşan akseptör tipi tuzaklara valans bandından elektronların geçmesi belli bir aralıkta sıcaklığın artmasına rağmen iletkenliğin artmamasına dolayısıyla bir plato bölgesinin oluşmasına neden olur. Sıcaklık daha da yüksek değerlere çıkarıldığında artık tuzak seviyelerinin tamamı iyonlaşmıştır ve elektron geçişi sadece valans bandından iletkenlik bandına olur. Bu durumda da iletkenlik bandındaki elektron sayısı artar ve bu artış iletkenliğin artmasına sebep olur (yüksek sıcaklık bölgesi).

Çizelge 5.5. ZnSe ve bunların karışımları olan $Cd_xZn_{1-x}Se$ ince filmlerinin yüksek ve düşük sıcaklık bölgelerindeki aktivasyon enerjileri

Film	**Aktivasyon Enerjisi (eV)**	
	Yüksek sıcaklık bölgesi (400-500 K)	**Düşük sıcaklık bölgesi (300-400 K)**
CdSe	0,39	0,29
ZnSe	0,49	0,284
$Cd_{03}Zn_{07}Se$	0,45	0,088
$Cd_{05}Zn_{05}Se$	0,46	0,56
$Cd_{07}Zn_{03}Se$	0,43	0,48

Şekil 4.42-43'de CdSe ve ZnSe ince filmlerinin tavlanmamış ve 500K'de tavlanmış, hallerinin akım-sıcaklık grafikleri verilmiştir. Grafiklerden tavlama sonucu akımda artış tespit edilmiş bu da tavlama sonucu özdirencin düştüğünü göstermektedir. CdSe ince filminin tavlama sonucunda kristal boyutu arttığından özdirenç değeri azalmaktadır (Kale and Lokhande 2004a).

Şekil 4.44'te verilen 15, 20 ve 30 döngü sayısı için büyütülen CdSe ince filmlerinin benzer yapısal özellik gösterdikleri gözlenmektedir. Çizelge 5.6'de elde edilen piklerin 2θ açıları ve yarı pik yüksekliklerinin genişliği verilmiştir. Her üç filminde polikristal yapıya sahip olduğu ve (002) tercihli yönelimine sahip olduğu söylenebilir. Padiyan *et al.* 2002 yaptıkları çalışmada, (002) pikinin $25{,}5^0$ civarında gözlemişler ve farklı taban sıcaklıklarında bu pikin açı değerlerinde kayma gözlemişlerdir. Kale and Lokhande 2000'de benzer olarak (002) pikini $25{,}4^0$'de gözlemişlerdir. Çalışmamızda gözlenen (002) piki farklı döngü sayıları için yansıma açısında farklılıklar gözlenmektedir. Bu farkın döngü sayısının değişmesinden ve dolayısıyla kalınlığının artmasıyla oluşan yapısal değişiklikten kaynaklandığı söylenebilir. CdSe ince filmlerinde (002) pikinin yanında (110) ve (112) pikleri de baskın bir şekilde gözlenmektedir. (110) ve (112) pikleri için gözlemlenen açı değerleri literatürle uyum göstermektedir(Swaminathan and Murali 2000; Padiyan *et al.* 2002). 15 döngü sonucunda büyütülen filmde, (112) kristal yönelimi belirgin bir şekilde gözlenememektedir ve döngü sayısı arttıkça bu pik belirginleşmektedir. CdSe hem kübik yapıda hem de wurtzite kristal yapısında büyümektedir. Atomik konfigürasyondaki değişim bu kristal yapılar arasında geçişe sebep olabilmektedir. Tavlama ve büyük alanlı büyütme işlemleri kübik yapıdan wurtzite kristal yapısına geçiş ile sonuçlanır (Kale and Lokhande 2004b) ve büyütülen CdSe filmleri bu bilgiler ışığında wurtzite kristal yapıda büyümüştür.

Çizelge 5.6. CdSe polikristal filmleri için elde edilen piklerin 2θ açı değerleri ve baskın pik için yarı yükseklik pik genişliği

Kırınım Pikleri	**15 tur**	**20 tur**	**30 tur**
(002) Açı→	25,74	25,54	25,87
(110) Açı→	42,32	42,26	42,68
(112) Açı→	-	49,98	50,1
Yarı Yükseklik Pik Genişliği (002) piki için (derece)	1,8905	2,222	2,410
Kristal Büyüklüğü (Å)	2,56	2,17	2,01

İnce filmlerin kristal büyüklükleri aşağıda verilen Scherrer formülü kullanılarak hesaplanabilmektedir.

$$D = \frac{K\lambda}{\beta \cos\theta} \qquad (5.1)$$

Burada D, kristal büyüklüğü; λ, kullanılan x-ışını kaynağının dalga boyu; β, şiddetin yarı yüksekliğinin açısal genişliğini; θ, Bragg kırınım açısı ve K, CdSe ile ilgili bir sabittir ve sabitin değeri 0,9'dur (Kale and Lokhande 2004). Kristal büyüklükleri doğrudan kristalin kalitesi hakkında bilgi verir ve XRD ile elde edilen kırınım pikinin yarı yükseklik pik genişliği ile ters orantılıdır. Kırınım pikinin oldukça dar olması kristal büyüklüğünün büyük olmasını sağlayacaktır ve bu durumda kristalin kaliteli bir yapıya sahip olduğunu gösterecektir. Scherrer formülü yardımıyla hesaplanan kristal büyüklükleri Çizelge 5.6'da verilmiştir ve döngü sayısı arttıkça kristal büyüklüğü azalmaktadır. Kristal büyüklüklerinin oldukça küçük olduğu gözükmektedir ve bu sonuç filmlerin tüm yüzeye homojen olarak yayılmasını negatif yönde etkilemektedir (Kale and Lokhande 2005a; Hammond 2001).

Şekil 4.45'de CdSe ve $Cd_xZn_{1-x}Se$ yarıiletken ince filmlerinin x-ışını kırınım verileri gösterilmektedir. Bu ince filmlerde, genel olarak CdSe (002), (110) ve (112) düzlemlerinin baskın olduğu söylenebilir. Bununla birlikte Zn katkılanmasıyla ZnSe filmine ait (111) piki CdSe piki ile birleşmiş şekilde gözükmektedir (Subbaiah *et al.* 2005). Bunun yanında birçok küçük şiddete sahip pik Zn katkı miktarı arttıkça ortaya çıkmakta ve büyük bir ihtimalle filmin ZnSe filmine yapısal olarak dönüşme eğilimi göstermektedir.

Şekil 4.46 ZnSe filminin x-ışını kırınım verilerini göstermektedir. ZnSe filmi büyütme metotlarından bağımsız olarak genellikle (111) doğrultusunda büyümektedir (Jeyakumar *et al.* 1999; Venkatachalam *et al.* 2005). Elde ettiğimiz ZnSe filmi de literatüre uygun bir şekilde (111) tercihli yönelime sahiptir. Bunun yanında tanımladığımız (220), (311) pikleri dışında ki piklerde ZnSe filminin polikristal yapısını göstermektedir.

SEM görüntülerinden, CdSe'den ZnSe'e gidildikçe yapıda düzensizliklerin azaldığı, filmin tüm yüzeye homojen bir şekilde büyüdüğü tespit edilmiştir. XRD ölçümleri neticesinde CdSe (002), ZnSe (111) tercihli yönelimleri dışında gözlenen pikler, filmlerin polikristal yapısını göstermektedir. Soğurma ölçümleri neticesinde, artan sıcaklıkla, kalınlıkla yasak enerji aralığının daraldığı tespit edilmiştir. $Cd_xZn_{1-x}Se$ filmlerinde Zn katkısı arttıkça yasak enerji aralığını arttığı tespit edilmiştir. PL ölçümleri neticesinde bulunan yasak enerji aralıkları ile soğurma ölçümleri neticesinde bulunanlar birbirlerini desteklemektedir. Özdirenç ölçümleri neticesinde sıcaklıkla özdirencin azaldığı tespit edilmiş bu da bize büyütülen filmlerin yarıiletken özelliğe sahip olduğunu göstermektedir.

Elde edilen veriler ışığında, yarıiletken ince filmler yüksek kalitede, homojen ve daha ucuz olarak SILAR tekniği ile büyütülmüş olup, bu sonuçlar literatürle de uyum içerisindedir. Bu çalışmanın devamında büyütme sistemi bilgisayar kontrollü hale getirilerek filmler bu sistemle üretilmeye çalışılacaktır.

KAYNAKLAR

Akira, O., Noriyoshi, S., Sakae, Z., 1988. Nitrogen doped p-type ZnSe layer grown by metalorganic vapor phase epitaxy. Appl. Phys. vol. 27, 909-912.

Alfano, R.R., Wang, Q.Z.., Jimbo, T., Ho, P.P., Bhargava, R.N., Fitzpatrick, B.J., 1987. Induced spectral broadening about a second harmonic generated by an intense primary ultrashort laser pulse in ZnSe crystals. Physical Review A Volume 35, Issue 1, Pages 459-462.

Allakhverdiev, K.R., Mammadov, T.G., Suleymanov, R.A., Gasanov, N.Z., 1985. Deformation effects in electronic spectra of the layered semiconductors $TlGaS_2$, $TlGaSe_2$ and $TlInS_2$. Journal of Phys. 15, 1291-1298.

Antohe, S., Ion, L., Ruxandra, V., 2001. Electrical properties of electron irradiated thin polycrystalline CdSe layers. Journal of Appl. Phys. Vol. 90, number 12.

Astam, A., 2006. InSe ince filmlerin silar yöntemiyle büyütülmesi ve karakterizasyonu. Yüksek lisans tezi. Atatürk Üniversitesi, Fen Bilimleri Ensititüsü, Erzurum.

Bedir, M., Öztaş, M., Bakkaloğlu, Ö.F., Ormancı, R., 2005. Ivestigations on structural, optical and electrical parameters of spray deposited ZnSe thin films with different substrate temperature. Eur. Phys. J. B 45, 465-471.

Blakemore, J.S., 1989. Solid State Physics 2. edition, Cambridge University, United Kingdom.

Borkovska, L., Beyer, R., Gudymenko, O., Kladko, V., Korsunska, N., Kryshtab, T., Sadofyev, Yu., Venger Ye., Weber J., 2005. Study of strain relaxation in CdSe/ZnSe nanostructures. Journal of Crystal Growth 275, pages 2281-2287.

Bouroushian, M., Kosanovic, T., Spyrellis, N., 2005. Oriented [111] ZnSe elektrodeposits grown on polycrystalline CdSe substrates. Journal of Crystal Growth 277, 335-344.

Chao, L.L., Cargil, G.S., Snoeks, E., Marshall T, Petruzzello, J., Pashley, M., 1999. Diffusion lengths of excited carriers in $Cd_xZn_{1-x}Se$ quantum wells. Appl. Phys. Lett. 74, 741.

Chaparro, A.M., Martinez, M.A., Guillen, C., Bayon, R., Gutierrez, M.T., Herrero, J., 2000. SnO_2 substrate effects on the morphology and composition of chemical bath deposited ZnSe thin films. Thin Solid Films 177-182.

Chaparro, A.M., Gutierrez, M.T., Herrero, J., 2001. Quartz-crystal microbalance study of the growth of Zn(Se, O) thin films in a chemical bath. A sequential electroless-chemical proses. Electrochimica Acta 47, 977-986.

Chopra, K.L., 1983. Thin film solar cells. Springer; 1 edition, 624 p, New York, USA.

Dridi, Z., Bouhafs, B., Ruterana, P., 2002. Pressure dependence of energy band gaps for $Al_xGa_{1-x}N$, $In_xGa_{1-x}N$ and $In_xAl_{1-x}N$. New Journal of Physics 94.1-94.15.

Ennaoui, A., Siebentritt, S., Lux-Steiner, iedl, W., Karg, F., 2001. High-efficiency Cd-free CIGSS thin-film solar cells with rown zinc compound buffer layers. Solar Energy Materials & Solar Cells 67, 31-40.

Erdoğan, Z., 1991. Yarıiletken ZnSe ince filmlerin optik ve iletkenlik özellikleri. İstanbul Üniversitesi, Fen Bilimleri Enstitüsü, Doktora Tezi, İstanbul.

Erel, Ş., 1996. He-Cd laser kaynağı kullanarak II-IV bileşenlerinden bulk ve koloidal haldeki bazı yarıiletken malzemelerin farklı sıcaklıklardaki fotolüminesans yayınımının incelenmesi. Sakarya Üniversitesi, Fen Bilimleri Enstitüsü, Doktora Tezi, Sakarya.

Gezci, S., 1992. Katıhal Fiziği, İTÜ Yayınları.

Hammond, C., 2001. The basic of crystallograpy and diffraction. Oxford University Press, 117 p, England.

Jeyakumar, R., Lakshmikumar, S.T., Rastogi, A.C., 1999. Parametric investigation for the optimization of ZnSe film formation by low-pressure Se vapour selenization process. Vacuum, volume 55, Issue 1, Pages 71-78.

Kale, S.S., and Lokhande, C.D., 2000. Thickness-dependent properties of chemically deposited CdSe thin films. Materials Chemistry and Physics, Volume 62, Issue 2, Pages 103-108.

Kale, R.B., and Lokhande, C.D., 2004a. Influnce of air annealing on the structural, optical and electrical properties of chemically deposited CdSe nano-crystallites. Applied Surface Science, 223, 343-351.

Kale, R.B., and Lokhande, C.D., 2004b. Room temperature deposition of ZnSe thin films by successive ionic layer adsorption and reaction(SILAR) method. Mater. Res. Bull., 39, 1829-1839.

Kale, R.B., Sartale, S.D., Chougule, B.K., Lokhande, C.D., 2004. Growth and characterization of nanocrystalline CdSe thin films deposited by successive ionic layer adsorption and reaction method. Semicond. Sci. Tech. 19, 980-986.

Kale, R.B., and Lokhande, C.D., 2005a. Systematic study on structural phase behavior of CdSe thin films. J. Phys. Chem, B, 109, 20288-20294.

Kale, R.B., and Lokhande, C.D., 2005b. Influence of air annealing on the structural, morphological, optical and electrical properties of chemically deposited ZnSe thin films. Applied Surfice Science 252, 929-938.

Kale, R.B., Lokhande, C.D., Mane, R.S., Han S., 2006. $Cd_{0.5}Zn_{0.5}Se$ wide range composite thin films for solar cell buffer layer application. Applied Surface Science (article in press).

Kanniainen, T., Lindroos, S., Prahaska, T., Friedbacher, G., Leskela, M., Grosserbauer, M., and Niinistö, L., 1995. Growth of ZnS thin films with Successive Ionic Layer Adsorption and Reaction method as studied by atomic force microscopy, J.Mater. Chem., 5, 985.

Kanniainen, T., 2001. Studies of Zinc and Lead Chalcogenide Thin Films Grown by SILAR (Successive Ionic Layer Adsorption and Reaction) Techniqu; Helsinki.

Kim, T.W., Yoo, K.H., Kim, G.H., Lee, S., Furdyna, J.K., Dobrowolska, M., 2005. Transition behavior from uncoupled to coupled multiple stacked CdSe/ZnSe self-assembled quantum-dot arrays. Solid State Communication, 133, 191-195.

Laukaitis. G., Lindroos, S., Tamulevicius, S., Leskela, M., Rackaitis, M., 2000. Stress and morphological development of CdS and ZnS thin films during the SILAR growth on (1 0 0)GaAs. Appl. Surf. Sci., 161, 396-405.

Li, J.J., Wang, Y.A., Guo, W., Keay, J.C., Mishima, T.D., Johnson, M.B., Peng, X., 2003. Large-scale synthesis of nearly monodisperse CdSe/CdS core/shell nanocrystals using air-stable reagents via successive ion layer ; 100 on and reaction. J. Am. Chem Soc. 125(41):12567-75.

Lindroos, S., Kanniainen, T., Leskeliia, M., Rauhala, E., 1995. Deposition of manganese-doped zinc sulfide thin films by the successive ionic layer adsorption and reaction (SILAR) method . Thin Solid Films 263, 79-84.

Lindroos, S., Kanniainen, T., Leskeliia, M., 1997. Growth of zinc sulfide thin films by the successive ionic layer adsorption and reaction(SILAR) method on polyester substrates. Materials Research Bulletin. Vol. 32, No. 12, pp. 1631-1636.

Lindroos, S., Arnold, A., Leskeliia, M., 2000. Growth of CuS thin films by the successive ionic layer adsorption and reaction method. Applied Surface Science 158, 78-80.

Lokhande, C.D., Pahtan, H.M., Sankapal, B.R., Desai, J.D., 2002. Preparation and characterization of nanocrystalline CdSe thin films deposited by SILAR method. Materials Chemistry and Physics 78, 11-14.

Mane, R.S., Sankapal, B.R., Lokhande, C.D., 1999. Photoelectrochemical cells based on chemically deposited nanocrystalline Bi_2S_3 thin films. Materials Chemistry and Physics 60, 196-203.

Martínez-Cantón, A.E., García-Rocha, M., Hernández-Calderón, I., Ortega-Martínez, R., 2005. Thermal quenching of the self-activated band of ZnSe:Cl thin films grown by molecular beam epitaxy. Microelectronics Journal, Volume 36, Issues 3-6, Pages 527-530.

Morkoç, H., Strite, S., Gao, G.B., Lin, M. E., Sverdlov, B., and Burns, M., 1994. Large-band-gap SiC, III-V nitride and II-VI ZnSe-based semiconductor device Technologies. Journal of Applied Physics, 76(3):1363-1398.

Murali, K.R., Austine, A., Trivedi, D.C., 2005. Properties of ZnSe films brush plated on high temperature substrates. Materials Letters 59 2621 – 2624.

Nicolau, Y.F., 1985. Solution deposition of thin solid compound films by a successive ionic-layer adsorption and reaction process. Applied Surface Science, Volumes 22-23, Part 2 , May 1985, Pages 1061-1074.

Nicolau, Y.F., and Menard J.C., 1988. Solution growth of ZnS, CdS and $Zn_{1-x}Cd_xS$ thin films by the successive ionic-layer adsorption and reaction process; growth mechanism. Journal of crystal growht, volume 92, Issues 1-2.

Padiyan, D.P., Marikani, A., Murali, K.R., 2002. Influence of thickness and substrate temperature on electrical and photoelectrical properties of vacuum-deposited CdSe thin films. Materials Chemistry and Physics, 78 51–58.

Pathan, H.M., Sankapal, B.R., Desai, J.D., Lokhande, C.D., 2003. Preparation and characterization of nanocrystalline CdSe thin films deposited by SILAR method. Materials Chemistry and Physics 78 11–14.

Pathan, H.M., and Lokhande, C.D., 2004. Deposition of metal chalcogenide thin films by successive ionic layer adsorption and reaction (SILAR) method. Bull. Mater. Sci., Vol. 27, No. 2, pp. 85–111.

Pathan, H.M., Kulkarni, S.S., Mane, R.S., Lokande C.D., 2005. Preparation and characterization of indium selenide thin films from a chemical route. Materials Chemistry and Physics, 93, 16-20.

Pawar, S.M., Mohalkor, A.V., Rajpu 101 Y., Bhosale, C.H., 2006. Electrosynthesis and characterization of CdSe thin : Optimization of preparative parameters by photoelectrochemical technique. Journal of Physics and Chemistry of Solids 67, 2386-2391.

Pejova, B., Tanusevski, A., Grozdanov, I., 2003. Investigation of photoelectrical properties and relaxation dynamics in photoexcited CdSe nanocrystals in thin films. Journal of Solid State Chemistry 174, 276 –284.

Perna, G., Capozzi, V., Ambrico, M., Augelli, V., Ligonzo, T., Minafra, A., Schiavulli, L., Pallara, M., 2004. Structural and optical characterization of Zn doped CdSe films. Applied Surface Science, 233, 366-372.

Ramaiah, K.S., Su, Y.K., Chang, S.J., Juang, F.S., Ohdaira, K., Shiraki, Y., Liu, H.P., Chen, I.G., Bhatnagar, A.K., 2001. Characterization of Cu doped CdSe thin films grown by vacuum evaporation. Journal of Crystal Growth, Volume 224, Issues 1-2, pages 74-82.

Rusu, G.I., Popa, M.E., Rusu, G.G., Salaoru, I., 2003. On the electronic transport properties of polycrystalline ZnSe films. Applied Surface Science 218, 222-230.

Schreder, B., Kümmel, T., Bacher, G., Forchel, A., Landwehr, G., Materny, A., Kiefer W., 2000. Resonance Raman Spectroscopy and Excitation Profile of $Cd_xZn_{1-x}Se$/ZnSe Quantum Wires. Journal of crystal growht, pages 792-796.

Seeger, K., 1982. Semiconductor Physics, 2.edition Berlin.

Semenova, G.N., Venger, Ye.F., Valakh, M.Ya., Sadofyev, Yu.G., Korsunka, N.O., Strelchuk, V.V., Borkovska, L.V., Papusha, V.P., Vuychik, M.V., 2002. Optical investigations of the influnce of point defects on quantum dots in CdSe/ZnSe heterostructures. J. Phys. Condens. Matter 14, 13375-13380.

Singh, J., 1993. Electronic Structure and Properties of Solids, McGraw-Hill.

Stradling, R.A., and Klipstein, P.C., 1990. Growth and characterization of semiconductors. IOP Puplishing Ltd.

Swaminathan, V., Murali, K.R., 2000. Characteristics of CdSe films electrodeposited with microprocessor based pulse plating unit. Thin Solid Films, Volume 359, Issue 1, pages 113-117.

Valkonen, M.P., Lindroos, S., Kanniainen, T., Leskelä, M., Tapper, U., Kauppinen, E., 1997. Thin multilayer CdS/ZnS films grown by SILAR technique. Applied Surface Science , Volume 120, Issues 1-2, pages 58-64.

Valkonen, M.P., Kanniainen, T., Lindroos, S., Leskela, M., Rauhala, E., 1997. Growth of ZnS, CdS and multilayer ZnS /CdS thin films by SILAR techenique. Appl. Surf. Sci., 115, 386-392.

Velumani, S., Mathew, X., Sebastian, P.J., Narayandass, S.K., Mangalaraj, D., 2003. Structural and optical properties of hot wall deposited CdSe thin films. Solar Energy Materials & Solar Cells 76, 347-358.

Venger, E.F., Korsunska, N.O., Semenova, G.N., Klad'ko, V.P., Mazin, M.O., Borkovska, L.V., Kushnirenko, V.I., Sadofyev, Yu.G., Kryshtab, T.G., Vidal, M.A., Vargas I.P., 2004. Effect of structural imperfections on luminescence of ZnCdSe/ZnSe quantum wells. Journal of Alloys and Compounds, 371, pages 202-205.

Venkatachalam, S., Mangalaraj, D., Narayandass, Sa.K., Kim, K.,Yi, J., 2005. Structure, optical and electrical properties of ZnSe thin films. Physica B: Condensed Matter, Volume 358, Issues 1-4, pages 27-35.

Venkata Subbaiah, Y.P., Prathap, P., Devika, M., Ramakrishna Reddy, K.T., 2005. Close-spaced evaporated ZnSe films: Preparation and characterization. Physica B: Condensed Matter, Volume 365, Issues 1-4, pages 240-246.

Ves, S., 1989. Effects of hydrostatic pressure on the fundamental absorption edge of $TlGaSe_2$. Physical Review B, volume 40, number 11.

ÖZGEÇMİŞ

1972 yılında Artvin-Şavşat'da doğdu. İlk orta ve lise öğrenimini Rize-Fındıklı'da tamamladı. 1990 yılında Karadeniz Teknik Üniversitesi Elektrik-Elektronik Mühendisliği bölümünü kazandı ve aynı bölümden 1994 yılında mezun oldu. 1995 yılında Erzincan Üniversitesi Meslek Yüksekokulu'nda Öğretim Görevlisi olarak çalışmaya başladı. Yüksek lisansını K.T.Ü. Elektrik-Elektronik bölümünde 2001 yılında tamamladı. 2006 yılında Atatürk Üniversitesi Fen Edebiyat Fakültesi Fizik Bölümünde doktorasını tamamladı. Evli ve üç çocuk babasıdır.

More Books!

I want morebooks!

Buy your books fast and straightforward online - at one of the world's fastest growing online book stores! Environmentally sound due to Print-on-Demand technologies.

Buy your books online at

www.get-morebooks.com

Kaufen Sie Ihre Bücher schnell und unkompliziert online – auf einer der am schnellsten wachsenden Buchhandelsplattformen weltweit!
Dank Print-On-Demand umwelt- und ressourcenschonend produziert.

Bücher schneller online kaufen

www.morebooks.de

OmniScriptum Marketing DEU GmbH
Heinrich-Böcking-Str. 6-8
D - 66121 Saarbrücken
Telefax: +49 681 93 81 567-9

info@omniscriptum.com
www.omniscriptum.com

OMNIScriptum

FSC
www.fsc.org
MIX
Papier | Fördert
gute Waldnutzung
FSC® C083411

Kolibri 360 GmbH
Ferdinand-Jühlke-Straße 7
99095 Erfurt, Deutschland
produktsicherheit@kolibri360.de

Druck:
CPI Druckdienstleistungen GmbH
im Auftrag der
Kolibri 360 GmbH
Ferdinand-Jühlke-Str. 7
99095 Erfurt